U0008387

上台的技術

著
王永福

CONTENTS 目錄

上台時，應該這樣做　　　　159

第 5 章　開場　　　　161

〈專文推薦〉

一篇文章的邂逅

何飛鵬

剛學習上臉書時，對所有的事都是新鮮的，有一天讀到一篇文章〈什麼是博士？〉，短短的幾張圖示，把博士的道理說得清清楚楚。可是基於個人追根究柢的壞習慣，一定要仔細追蹤此文的來龍去脈。我發覺此文章是由一位名為「福哥」的部落客所翻譯，而且他還認真地找到國外的原作者，取得翻譯的授權，從而我認識了福哥。

從臉書中的交往，我發覺福哥是個學有專精的人，他是知名的簡報講師，在網路上受到許多人的推崇。基於職業的敏感，覺得福哥的專業有出書的可能，他可能可以成為一位暢銷簡報書的專業作家。

見面一聊，福哥的經歷引起了我更大的興趣，五專土木工程科畢業，做過工地主任，再變成保險業務員，接著進修EMBA，後經營企管公司並在大學教書。其間因緣際會寫了兩本電腦的專業教學書，最後再變成一個專門教授簡報技巧的專業講師。

我對擁有複雜人生經歷的人特別有好感。因為這種人看

盡了人生百態，也嚐盡了人生的酸甜苦辣，對人生往往有異乎常人的體悟，他的經驗，他說的話，都可能值得學習與玩味。

就這樣，福哥答應寫一本以他的專業為主題的書，書名暫定為「上台的技術」。

為什麼不以簡報為書名？因為簡報是一門專業技巧，並非每一個人都必須學會，可是對所有的人而言，隨時上台發表自己的意見或看法，或者上台做個三、五分鐘的即席講話，卻是每一個人都會遭遇，因此如果福哥的書，以「上台」為核心概念，教育讀者如何上台、上台說些什麼以及如何自我表達，有助於讀者和其他人溝通。因此如果出一本以「上台」為主題的書，應該會引起讀者廣泛的興趣。

經過一年多的反覆琢磨，福哥的書終於要出版了。在寫作的過程中，我們也見識了福哥的認真：字斟句酌，反覆推敲，相信這會是一本非常值得閱讀的上台技巧學習書。

（本文作者為城邦媒體集團首席執行長）

〈專文推薦〉

一本教你享受上台的好書！

葉丙成

我跟福哥，從沒見過面，卻對彼此很熟悉。

五年前，我創立了台大第一門以十八週正規學期時間講授的「簡報製作與表達」課程。每年有四百多位台大同學想修。但為了讓每位同學都能講到話，我們每班只能收 45 位同學。最後得以修課的同學，往往是在修課申請書中，讓我們看到最有決心想改變自己的同學。他們也在這個很特別的課程中，跨出了自己的舒適圈，真正的改變了自己。

之所以初識福哥，是來自學生的介紹。從我這群極有熱忱提升自己簡報能力的愛徒們口中，我常聽到他們提到某個名字：「老師！有位福哥講的簡報課也是超讚的！」後來兩個重度臉書使用者因緣際會互加臉書。拜臉書之賜，我們得以看到彼此的每日動態，相互關注回應。結果，兩個沒見過面的人，卻變成好友……

福哥最讓我敬佩的是，他雖然已是高階簡報企業課程中最廣為人知的簡報大師，但他還是時時努力讓自己更進步。大家很難想像，像福哥這麼忙的人，居然會一大早從台中拚

到台北去上整整兩個全天的課程、寫了滿滿的筆記。福哥這種為了教好自己學生而不斷自我提升的毅力，真的非常讓我很感動。

另外，福哥最讓我有共鳴的，是他對完美的絕對堅持。在臉書上，不時看到福哥為了讓本書能更完美呈現，不斷的修改、修改、修改。福哥把追求完美的精神，透過這本書傳遞給所有的讀者。這種追求完美呈現自己的極致思維，正是一個簡報成功的最關鍵要素，而福哥完全讓大家感受到了！

有幸在本書付梓之前，得以先拜讀全書。福哥在書中提到的許多觀念跟範例，恰恰是我在課堂上不厭其煩跟學生們強調的重點。書一看完，頓有知音知己之感！沒有機會修到台大簡報課或福哥簡報課的朋友們，我相信絕對可以從這本書中得到很多重要的簡報觀念。

最後，要提醒各位讀友，知道觀念是一回事，真正能用出來又是另一回事。讀完《上台的技術》這本好書，大家還是需要不斷的「上台」，才能有機會鍛鍊出屬於自己的真正「技術」。

願本書能幫助各位找到上台的自信！

（本文作者為台大電機系老師、台大MOOC執行長）

〈專文推薦〉

說出超級簡報影響力

謝文憲（憲哥）

　　沒認識福哥以前，我以為我的簡報與教學技巧雖不至宗師地位，但距離宗師也不遠了，認識他以後，才發現自己簡直渺小到不行。

　　蕭瑟的冬季早晨，在忠孝東路四段的企業訓練教室裡，今天我不當老師，改當學生，在教室後方觀摩簡報教學宗師級的福哥如何講授此類課程。弔詭的是，福哥竟邀請我擔任他的簡報教練，我自認沒有資格擔任這個角色，但他仍謙恭地邀請我，我自知不足，但我知道身為宗師的他，非常渴望要攀上最高峰。

　　當天課程非常順利已不需多言，我想提提他的工作與簡報態度。課前檢查每一個環節，音樂、投影機、站位、白板、獎品、演練便利貼紙的位置、計時器……，若他是菜鳥講師，我認為這麼做是應該的，但他不是。他是一位擁有簡報教學豐富經驗，處理過大大小小簡報難題的專業教練，他還這樣做，我不僅意外，還有點驚嚇。

　　簡報實力不好仍然不努力學習的人也就罷了，最令人驚訝的是，他已經這麼好，還這麼努力，簡報天王，非他莫屬。

　　最近與他合作的「超級簡報力」課程更是如此，我充分

感受到他的專業與投入，以及對簡報的狂熱，容我這麼說，這就是狂熱，一種對品質極度要求的狂熱，一種經過淬鍊後的工作體悟。我們都清楚，透過簡報教學，我們可以讓每一位學員說出簡報影響力，進而透過學員的影響力改善社會與職場的工作現狀。

那種重責大任、氣度與胸懷，我不管身為朋友、合作夥伴、學員或是教練角色，都能百分之百地看見他的堅持與努力，你要說他機車我也認同，他就是機車，但機車得有理，機車得專業，機車到讓人心服口服。

有次我們在板橋拜訪朋友，準備搭高鐵南下返家，我在桃園下車，他在台中下車，沒想到他給我錯誤訊息，害我搭到直達車，他搭到站站停的高鐵班次，正當我氣呼呼的在台中站衝下高鐵車廂，準備換月台改搭北上班次時，自責的他竟然已在月台等我，當時的我充分感受他是有情有義的好朋友。各位想想，一個溫暖又專業的簡報教練，年紀與我相仿，工作態度令人激賞，我怎能不打從心裡敬佩他？

忙碌的課餘，我們一起游泳，一起討論簡報問題，有時吃他煎的牛排、他烤的麵包，他煮的咖啡，他是一位用生命活出人生的好教練，全台灣最強，最有生命力的簡報教練，非他莫屬。

我認為他的「簡報心、技、法」，早已冠全台，我衷心推薦福哥的新書，一本你絕不能錯過的上台技術心法與當今簡報技術的葵花寶典。

（兩岸知名企管講師、《商業周刊》專欄作家）

好評推薦

在簡報的世界中沒有完美，若要說誰最接近的話，那肯定是福哥了。

認識福哥已久，開始關注是他在 FB 分享「完全課程」。所謂「完全課程」就是每個學員在每個評估項目都給講師打滿分。我自己身為講師，知道這有多麼遙不可及，於是開始向福哥請益。等我上了「超級簡報力」，才發現福哥名不虛傳，「完全課程」得之無愧。「超級簡報力」帶給我深遠的影響，也令我領教了福哥的熱情和高標。想成為一流講師光有專業還不夠，要如福哥所述，必須從觀眾角度出發，讓他們在短短幾小時之內，帶走他們想要的，並持續影響未來的自修之路。雖然說自己是最好的老師，但人總有盲點，自修的同時若有名師來「點穴」，便能快速增強功力。「超級簡報力」結束之後，我有幸能讓福哥來 coach 我的課程，福哥滿滿七頁的筆記，耐心無私指導我上課流程、場控 know-how，甚至包括教室燈光的調整。如果說福哥的課程是武功傳授，那麼福哥的一對一指導就打通了我的任督二脈，讓我進化到另一個層次。因為福哥，我把過往的簡報全部砍掉重練，授課的方式也重新設計，把「半瓶水」倒光後，重新注入新的泉源，感覺像是脫胎換骨，自信比以往更甚。從學員評估表上發現，我正在往「完全課程」的目標前進，希望有一天我能效法福哥，摘下這講師界的最高榮耀！

　　福哥對自己有超高的標準和自我要求，課程中每一個小細節都吹毛求疵到了極點，所以我相信「福哥出品，品質保證」，這本書的出版必能帶來正面影響，絕對是廣大讀者之福！

　　　　　　——網路行銷顧問、《部落客也能賺大錢》作者　于為暢

　　2011 年 3 月，當台灣微軟通知我們公司代表台灣到北京參加「大中華區微軟 BizSpark 的新創企業大賽」的總決賽，心中那份興奮的心情真是無法形容。畢竟大中華區總共有 650 個團隊，要和入選的 20 個團隊競爭，將是非常難得的經驗，也有無限的機會。無論如何，我一定要全力以赴，拿個好成績。

　　但是從開始準備 15 分鐘的簡報介紹我們的服務，就是很大的挑戰。以前從來沒上過這麼重要的舞台，台下觀眾各個來頭不小，心中的壓力不可言喻，我希望能表現到最好。

　　雖然很久以前就認識福哥，但一直沒機會好好上福哥的課。透過好友相助，以及福哥的遠距教學及鼓勵，讓我可以運用福哥的方法，將一百多張的便利貼，慢慢濃縮成簡報的內容，並且連貫流暢，再加上自己設計的動畫，大概是簡報成功的第一步。

　　接下來是如何在台上把簡報的內容，清楚表達給台下每個觀眾。關於這個部分，我覺得只有一個訣竅，就是不斷地練習。已經記不得，這份簡報內容我練習了幾次；也不記得，為了配合自己的表現方式，又修改了幾次。唯一記得的是，直到出發的前一晚，我還練習到半夜三點多，當比賽結束，從微軟執行長手中接過那座獎牌時，這一切努力都值得了！

　　身為簡報高手講師的福哥，課程滿意度常達百分百，歷經無數

次的驗證。只要遵循正確的方法，加上努力練習，每個人都可以成為簡報高手！

——微軟大中華區 BizSpark 新創企業大賽 top 5、

嬉遊紀數位資訊創辦人　李育維

　　福哥的新書《上台的技術》雖然還沒拿到手上，平常在福哥的臉書上就已經「偷窺」部分內容，無論在職場上進行說服或溝通，或是下班後推廣自己的投資理念，幫助都相當大。

　　我是財經部落客，很清楚提升自己的專業能力是穩賺不賠的最佳投資。今年我對自己最重要的一筆大投資，就是去上福哥、憲哥與震宇老師所開的「超級簡報力」。這門課程的學費大概可以買上百本《上台的技術》，但是它物超所值，我的收穫相當豐碩。

　　安迪・沃荷（Andy Warhol）說：「未來，每個人都有 15 分鐘的成名機會。」「超級簡報力」第二天的上台演練，在 22 位同學兼老師的激勵下，那 10 分鐘是我這輩子到目前為止最好的上台表現。我了解到我也許在上台的技術上還有待精進，但是如果有一個舞台，我已經具備好足夠的熱情和能力，將它變成我的成名機會。

　　在福哥身上，我所學習到的其實不是什麼簡報技巧，更不是軟體怎麼操作、投影片怎麼美化這種看書可學的基本能力。福哥真正帶給我的衝擊是，身為專業講師，他多麼嚴格地要求自己。他說：「Failure is not an option!」所以他總是帶兩台筆電，每次課程都提早到場觀察，怎麼將場地的條件調整到最理想狀態。你說，抱持著這樣的態度，能不成功嗎？

　　用一本書的價格，換來福哥的傾囊相授，實在太划算了。不過

我更希望你有機會的話，一定要親身體驗一下福哥的現場教學，不是去學他在課程中教你什麼，而是去觀察他怎麼示範一位頂尖講師的教學。上台的技術，或許看書就好；上台的態度，你一定要從福哥課程中去體會。

——《商業周刊》部落格專欄作家　李柏鋒

　　我應該是罕見的幸運兒，聽過福哥的簡報企業內訓（16 小時學員）、超級簡報力課程（16 小時學員）、教學技巧內訓（16 小時旁聽）及簡報內訓（5 小時旁聽）。這神奇的際遇，讓我能詳細觀察福哥簡報與教學的特色。

　　1. 專業且實用：福哥的簡報課，除了介紹新觀念，更將許多我「雖已知其然，卻不知其所以然」的簡報諸事，一一剖析。教我看懂其他簡報者的優缺點，這極有助於往後的自我鍛鍊。

　　2. 極致的敬業：三年前，我曾問過福哥，如何才能像他如此專業。他打開筆電中的一個 word 檔，邊界極窄，文字又密又小。這是他每次的教學心得，居然累積三百多頁。這是極致自我反省及要求的敬業態度造就的專業。

　　3. 不僅專業，還更會教：福哥曾分析了簡報、演講、教學的區別。讓我驚覺，同樣是上台表達，三者居然如此不同。以往在學校授課，我以為把課上得清楚風趣即可。其實，老師教不等於學生學。學生在課堂，被我以簡報方式說服，但下課後即忘了，失去教學效果。借用福哥的小組討論法，我設計了新課程，合併時間壓迫及獎品激勵。當期末考成果公布時，我與助教瞠目結舌。使用舊方法教授的觀念，學生的答對率如舊。採用福哥法授課的困難單元，竟然

幾乎全班答對！

限於篇幅，在此僅能淺談。相信從此書中，讀者將能感受更多的福哥簡報奇蹟。

──北醫大副教授、教學優良教師　林佑穗

什麼樣的課程可以讓一位連續兩年教學優良的大學老師，還能有所學習？

什麼樣的老師可以讓兩位 TEDxTaipei 的講者還有所突破？

是一位投入熱情不時精進自己課程的老師；

是一位專注苛求，近乎完美的老師；

是一位會帶兩台筆電，偷偷提早察看場地，不讓任何因素影響他上課的老師；

是一位希望學員可以達到甚至超越他水準的老師；

是一位半夜不睡覺幫學員看作業寫回饋的老師。

是的，他就是本書作者，若說他第二沒人敢說第一的簡報天王，王永福老師！

沒上過他的課，不要說你懂簡報！

沒上過他的課，不要說你會上台！

沒上過他的課，你不會知道什麼叫追求完美！

沒上過他的課，你不會知道什麼叫嚴以律己，「更嚴」以待人！

但是，如果你真的沒有這個「福」氣上到福哥的課，怎麼辦？

各位芸芸眾生，別擔心，救贖來了！

福哥嘔心瀝血，將畢生絕學盡數記載於此本絕世祕笈！

課程菁華皆濃縮於此。

擁有此書，潛心修煉，將從此縱橫簡報界；

擁有此書，潛心修煉，將從此視演講上台於無物。

謹於此文，推薦本書

給不會簡報，想學如何做好簡報的你；

給想精進簡報技巧、更上層樓的你；

給想知道福哥是一位什麼樣的簡報講師的你。

更重要的是，給所有上過福哥課程，但是懊悔筆記抄得不夠完整；懊惱腦袋太小，無法完全記憶福哥傳授精華；或是回味無窮，還想一上再上的福哥幫們；三個願望一次滿足，一次擁有所有福哥底蘊精華！

等不及了嗎？趕快翻頁修煉去吧！

——成大醫院口腔顎面外科專任主治醫師、

TEDxTaipei 演講者　陳畊仲

和福哥結緣於我的環球演講行動中，目前 222 場，遍及台灣本島、綠島、菊島、九龍半島、美國、加拿大等地。

第一次，福哥親臨我第 53 場：沙鹿高工，他以一個觀察者的角色記錄我的演講，會後他提醒我：「舞台上最亮的，應該不是投影片，而是講者。」那次我學到燈光的掌握，這樣的領略讓我到國外演講時，也能精準告訴燈控要怎樣安排燈光，而非心虛地說「都好」。

第二次，福哥偕同福嫂，在我第 172 場於澄清醫院聆聽我演講，

那場演講，福哥用眼神幫我加油，讓我學到原來連眼神都可以幫一個講者打氣。

第三次，我請福哥見證我不斷地改變，第 204 場演講，一樣在沙鹿高工，會後福哥請我喝茶，肯定我是完美講者。他問我：「你想要的是什麼？」我說希望觀眾更被我 touch。福哥教我嘗試分組，一旦分組，我的演講內容要做大更動，要做更多互動的設計，植入更多開放式問題。這是大工程，我接受他的建議大翻修，並立刻應用在第 205 場的板橋高中演講，兩百多人，我照樣分組，效果奇佳。

第四次，相隔兩週，第 206 場在台中教育大學，在我力邀之下，福哥見證了我操作分組的互動式演講，但我繼續請教福哥還有沒有進步空間。福哥告知，如果每講了若干段落，停下來，帶著觀眾回顧一下重點，會讓這場演講至臻至善。

其實，福哥讓我感動的事，可能福哥自己都不知道。

有一次在台中的場子，福哥說他那天要來當個純粹的觀眾，他在開講前一個小時就抵達現場。這一個小時如果市儈地衡量資深講師的行情，五位數福哥都不見得點頭，可是這個小時，福哥選擇拿來挺朋友。又有一次我曾遇到一波不友善的人惡意攻擊我，曲解我的演講內容，福哥以他觀察到的我，發文挺我，寫的至情至性，這份情義，我將一輩子放在心中。

福哥每一次的指導都讓我成為更強的講者。所謂強，不是君臨天下的講者，而是能掌握全場團隊動力，影響他人，真正促成改變的講者。

我從一個素人講者，踏上一條能接企業內訓課程的專業講師之路，我只能說，福哥，感謝有你！

──部落客醫師、TEDxTaipei 演講者　楊斯棓

成功的簡報者都有共同的特質：對觀眾有充分的同理心，並毫無保留投入誠心與熱情。透過有效溝通，賦予自身經驗意義，以意義連結觀眾，為觀眾創造價值。

福哥不只把上台的技術修煉到極致，還能傳授他人。後者永遠比前者困難。很多簡報課程與書籍都只是在教無關宏旨的瑣碎技巧，只有福哥能以統整的主軸連結關鍵細節。

福哥在生活與工作中的互動也一樣展現高度的同理心，關心、傾聽、分享，讓雙方都能從中學習成長。福哥讓人欣賞的特質是一致的：有自信但不自負，有同理心但不算計，能做精彩的表演但從不失去溝通的誠意。

如果你是簡報者，福哥會帶著你找到自己的風格；如果你是觀眾，福哥會讓你更懂得欣賞成功的簡報並從中學習。每個人都需要《上台的技術》。

——悠識數位顧問公司創新策略總監、台灣使用者經驗設計協會理事、台灣應用心理學會常務理事、《Taiwan 2.0》部落格作者　蔡志浩

我永遠忘不了教練福哥現場指導我的那一堂課——站上去的舞台，自己負責！

擔任中華民國微電影協會祕書長的第一場正式演講，也是人生第一場百人演講，在中部某大學舉行。身為福哥少數公開班學員的我，很幸運得到他關愛的眼神，福哥表示要來探班！這下除了要挑戰不讓同學睡著並有所收穫，還要通過教練的驗收，這讓我興奮至極。

　　配合主辦單位錄影的要求，我使用現場的電腦與配備，也事先請求協助測試影音播放。為了轉換前一場主講者的現場氣氛，我挑選了一支微電影來開場。結果近兩百人聽講的瞬間，有影像，沒聲音！萬萬沒想到，最害怕的事竟發生在自己身上。

　　當下，工作人員奔上前來緊急處理，我嘴巴沒停下，鎮定地處理最重要的開場。我拿出準備的電影票，先用福哥教的有獎問答法，聚焦與聚題，抽點了最後一排離我遙遠的同學，瞬間讓十分之一趴睡的同學驚醒。同時間，我看到福哥一個箭步從座位跨上講台，30秒內救援成功，就在我送出兩張電影票後，影片順利播放，開始了我首場有驚無險的演講。

　　演講準備之前，我記得福哥課程的提醒：預期目標與效益。我設定了一個主目標、兩個次目標。主目標是讓同學歡樂學習並具體有所得，以便完成次目標：讓老師主動連結合作，令邀請單位滿意。自從上了福哥的簡報課，我開始從投影片中，「抬起頭來思考受眾與溝通效益」，這是以前常忽略的，也是在學習應用中收獲最豐碩的部分。

　　那場演講結束後，坐在台下的院長上前表達感謝，並邀請我協助該校暑期微電影工作坊的課程設計與演講，使協會在中部擁有第一個重要的產學合作夥伴，且一直愉快持續合作至今。

　　當天活動結束後，最特別的是得到福哥將近一個小時一對一的個別指導。他提到雖然現場設備出問題不是講者的錯，但站上舞台成敗就在自己身上，因為台下的學員與觀眾看到的就是「你」，體驗到的過程也都算在講者身上！

　　事隔一年半，從此我帶自己的電腦、自己的簡報器，事先了解

聽講對象的人數與背景，盡可能半小時前抵達現場，完成所有測試與熟悉環境⋯⋯，這些看似簡單的前置作業，卻是站上舞台重要的準備工作。

因為，我已將福哥的話銘記在心，「站上去的舞台，自己負責！」

──微電影協會祕書長　賴麗雪

〈作者自序〉

上台不靠天賦，
而是一門可以學會的技術

　　有件事在工作職場經常遇到，而且有時會讓人覺得焦慮、不安，甚至有點緊張！

　　你猜是哪件事？

　　猜對了嗎？沒錯！就是「上台」。

　　只要在職場工作，就逃不了上台這件事。不論是上台簡報、授課或演講，有超過八成的職場人士，對上台覺得沒有信心，甚至恐懼不安。但是隨著職位高升，上台的次數只會越來越多，重要性也會越來越高。身為專業人士，你該怎麼辦？

　　這就是為什麼過去幾年，有超過兩百間上市公司，超過兩萬名專業人士，跟我們一起在訓練教室裡，磨練上台的技術，不論是專業簡報技巧，或是內部講師培訓。目的就是為了讓專業人士了解，上台是一門可以學習的技術，只要掌握了關鍵技巧，就可以在上台時更有信心，做出更好的表現！而從過去一些學員傑出的表現，包含獲得國際大賽冠軍、登上 TED Talk、通過國家評鑑，晉升到更高的職位……等，可

以發現這些技術真的有用，有許多學員曾說，這是他們「上過最好的課程！」

可惜的是，這些課程只在企業內部進行，很少對外公開（這也就是為什麼你可能沒聽過的原因），而極少數的公開授課機會，最快在三分鐘就報名額滿了。有不少朋友想學習這些技術，卻不得其門而入。因此當接到何社長的出書邀約：也許可以把這些技術跟心法結集成冊，出版一本跟上台有關的書籍時，我雖然知道寫書一定要花費許多時間，甚至會影響到日常的工作及生活，連讀到一半的博士學位也可能因此而停下，但我仍然決定接受挑戰，開始本書的寫作歷程。希望能透過專書的整理，讓更多人學習到上台的技術。

本書的內容談的不僅是簡報，也適合用在上台授課及演講等情境。書中將分享精彩上台的完整流程，包括上台前、中、後等重要關鍵，像是上台前如何分析、構思跟練習；上台時如何開場、控場及互動；下台後如何檢討、分析以及其他細節。目標集中在整個上台的全貌，不只是投影片而已。書中有許多有效的實戰經驗以及系統化的技術，過去已經幫助過許多專業人士，相信也一定能幫助你，讓你能自信上台，在台上自在表現！

除了技術面的說明外，書中也描述了許多案例，大部分都是根據真實的場景而來。希望能讓大家在閱讀時，眼前浮

現更具體的畫面。不只了解技術，還清楚怎麼去運用技術。未來當你需要上台時，便知道選擇哪些技術來完成上台的目標。從書中學到技術，更能完成任務，達成上台的核心目標——說服你的觀眾，讓觀眾 buy in your message, buy in your idea，這就是本書最想完成的使命。

　　比起站在台上教課，寫書真的是一件辛苦的事。特別是在本書的寫作過程中，遇到老婆懷孕、生產（老婆辛苦了！）。在大女兒還小，二女兒剛出生，同時身兼顧問與奶爸的狀況下，還要找到時間寫作，幾乎是一件不可能的任務！經常在搭乘高鐵或計程車的途中，或是在家人熟睡的深夜裡，一字一字地寫下本書的內容。就在這樣的寫作環境下，花了一年半的時間，總共寫了超過 26 萬字的草稿，最後再與編輯從中間擷取 1/3 的精華。希望透過這樣的努力，讓讀者感受到我的誠意，也讓書籍內容有更好的品質，真正給各位讀者帶來幫助，這就是我最高興的事了！

　　如果你準備好了，請讓我帶著你，開始學習這項你一定學得會、對你非常有助益的——上台的技術！

關於上台，
還沒想過的事

從觀念到行動

1-1 六分鐘的人生挑戰

把握上台的契機，扭轉人生，實現夢想

　　看著最新一期的商業雜誌，照片中好朋友 David 自信而開朗地笑著，還不到 30 歲的他，登上知名商業雜誌，而且是封面故事的主角，在職涯發展中，等於為自己立下一座里程碑。我翻開雜誌，細讀報導，得知他參加了一場國際創業簡報比賽，歷經一關又一關的挑戰，打敗近千個參賽團隊奪下冠軍。回想這幾年，David 投入競爭激烈的網路事業，一路走來跌跌撞撞，吃了很多苦頭。這次接受知名雜誌的專訪，後續必能引起媒體與投資者的關注，未來在事業上終有機會振翅高飛，大展宏圖。我約了他見面，想親自跟他道聲恭喜。一見面，笑容可掬的他卻開口跟我說：「謝謝福哥，多虧有你的大力協助，我才能拿到這場比賽的冠軍。謝謝！」

　　「咦？為什麼要謝我？」我丈二金剛摸不著頭腦，不知道他在說什麼。

　　「整個準備的過程，我用的就是你指導的方法！」他喝

了一口咖啡，將這段故事娓娓道來⋯⋯。

六分鐘的挑戰

過去幾年，為了從事自己真正有興趣的工作，並在事業上有更好的發展，David 毅然放棄了原本在中小企業的穩定工作。他投入很多時間，開發出結合臉書與網路購物的商業模式。網站的功能不錯，只是發展有些緩慢，使用者不多且都停留在試用階段。他與團隊夥伴非常認真經營，但在吸引大眾及媒體的注意力上，一直難有突破。三年多下來，他燒掉了不少錢。他很清楚必須讓產品曝光，並將團隊的成果推至更大的舞台上，然而在廣告行銷上，他已沒有資源可以挹注。就在這時候，他看到了國際創業簡報大賽的訊息。

這場比賽由世界知名軟體公司舉辦，主要對象是網路新創事業。每個團隊有六分鐘的時間上台簡報，台下除了評審外，還坐滿來自世界各地的投資者。只要台上表現優異，說服台下觀眾，不僅能贏得高額獎金，還有機會找到資金，藉此讓新創的小公司躍上商業大舞台。這是 David 期待已久的機會，他告訴自己一定要好好把握。

比賽的競爭非常激烈，有近千個創業團隊報名。如何在短短的六分鐘內把完整的商業構想說明清楚，並通過初賽、複賽與決賽打敗其他優秀的隊伍，將會是巨大的挑戰。因為

除了商業構想的呈現，很多地方還涉及到「上台的技術」。他希望能獲得我的專業協助，於是發了一封 e-mail 給我，不過我們一直約不到時間。我以為這事情就到此為止了。

一次上台，扭轉人生

後來我才知道，David 並沒有因而妥協。他自己擠不出時間，就央請好朋友 Tracy 來上我的訓練課程，然後依據我上課的內容，轉而指導 David 如何準備。儘管是間接傳授，Tracy 精確要求 David 完成每一個準備步驟，並且扎扎實實做好事前演練。為了一場短短六分鐘的上台，單是事前的流程規劃就花了一個星期的時間不斷調整、修改，每一張投影片都費盡心思製作，接下來的模擬演練更是接近百次。依照 David 的說法，練習到最後，他忍不住抱怨：「不過是短短六分鐘的簡報，為什麼要搞到這麼累啊？」儘管嘴上這樣說，他心裡其實很清楚，這個上台的機會千載難逢，甚至是自己創業成功與否的關鍵，為了目標不管多累都得咬牙撐住！

成功是要付出代價的。David 這樣的努力終於換來甜美的成果。他從近千個參賽團隊中脫穎而出，一路過關斬將，不僅拔得頭籌，還獲得投資人的青睞，取得優渥的資金援助。僅僅掌握住一次關鍵的上台，就足以扭轉專業人士的未來！我聽著 David 分享他一路走來的過程與喜悅，由衷為他感到

高興，他的成功我與有榮焉！

學生與職場工作者的必要投資

　　David 的故事已不是單一案例。近年來，越來越多專業人士體認到上台的重要性，不少雜誌與書籍因應這個需求，教導讀者如何能在台上表現優異。大學校園中，獨具慧眼的老師觀察到此一現象，也開設了簡報課程，及早培養學生上台的基本能力，因為未來不論是在學術領域進修，還是踏入社會謀職，它都是不可或缺的。

　　在過去幾年，我曾經指導過上萬名在頂尖企業工作的專業人士，包括工程師、教授、醫生、高階主管、基層人員、財務專家、外商工作者……，幫助他們掌握上台的技術，也指導過許多人在台上的表現精益求精，取得更上一層樓的敲門磚。本書首度完整公開我在頂尖企業內部指導的上台的技術，它已通過實戰的檢驗，證明是一套有用、有效的方法，希望幫助你掌握並發揮上台的契機。你準備好了嗎？我們開始吧！

1-2 口才不好，上台表現就不好？

打破迷思，上台也能打動人心

　　不曉得你是否有過這種念頭：「我的口才不好，無論怎麼學、怎麼練，上台都難有令人滿意的表現。」還是，你抱持截然不同的想法：「我的口才一向很好，不用再學什麼技術了，簡報或演講都難不倒我。」如果情況真的跟你想的一樣，是不是只要口若懸河，上台就一定能打動人心，有優異的表現？

行動前，先建立正確的觀念

　　「口才好＝上台表現好」，這其實是一個錯誤的觀念。根據我看過無數上台的實例，我發現很多時候台上最感動人心的表現，往往與口才無關！

　　我不否認口才對上台有部分的影響，不論是簡報、授課或演講，在眾人面前開口說話畢竟是有壓力的一件事情。如果口才辨給，站上台時自然容易說得順暢，揮灑自如。如果

口才不佳，想要達到相同水準的表現，就必須花更多工夫去準備，這應是簡單易懂的道理。

然而單單靠口才，是無法有絕佳的上台表現。

不擅言詞的人要上台，該怎麼辦？

或許你不以為然，但現實中我經常見證這類情況。

Billy是一間光電大廠的廠務主管，平常大多與設備為伍，很少需要上台說話。公司為了提升員工報告的能力，特別安排了一場簡報比賽，規定每位主管用七分鐘的時間，上台說明各部門平日的工作內容，然後由台下全體同仁以投票的方式選出前三名。事前公司為了幫主管們加強訓練，還特別請我擔任顧問，安排完整的課程指導參賽者。

第一天課程結束後，只見Billy與幾位生產部門的主管聚在一起，面有難色地說：「這次我們一定包辦最後幾名！」也難怪他們會這麼想，因為在印象中行銷與業務部門的主管，平常就能說善道，個性也比較外向，上台一定很吃香。然而，這是全公司的比賽，總經理將親自出席頒獎，「無論如何也不能太難看！」這幾位生產部門的主管下定決心，開始擬定賽前策略。

在投影片的部分，他們揚棄過去文字又多又小的範本，改以視覺輔助的手法，還特地在工作現場拍了很多照片，希

望能具體呈現生產機具與設備。不僅如此，完成投影片的製作後，這幾位生產部門的主管自行組織了一個練習互助團，由協理帶領，在固定時間碰面，模擬上台實況並互相提出修改意見。他們一次又一次地練習，希望做到完全不看投影片就能流利簡報的「基本目標」（這是我上課時對學員們的要求）。

對這幾位不擅言詞、甚至有些畏懼上台的主管而言，這樣的練習相當吃力。有一位主管還因為經常喃喃自語，被家人笑說是不是工作壓力太大，精神方面出了問題。而另一位主管則是賽前連續好幾天清晨五點就起床，不停地演練直到熟悉上台的每個流程，從開場要講什麼，中間分為幾個重點，每一次按鍵後會切換到什麼投影片畫面，最後要怎麼收尾才精彩，每個環節都在腦海中來來回回地反覆排練。

這樣大量而充分的準備，換得上台時極為流暢的表現。投影片在確切的時間點出現，輔助了口語的說明。整個簡報的內容既專業又生動，讓台下聽得津津有味。更難能可貴的是，台上講者所展現的熱誠與自信感染了全場！最後比賽結果出爐，Billy 與其他兩位生產部的主管獲得全公司票選前三名，打敗了向來善於口語表達的業務行銷團隊。

在頒獎時，我邀請前三名主管上台分享心得。有趣的是，這個時候因為沒有事前準備，幾位主管們又回復平常木訥的

模樣，與剛才上台比賽時流暢的表達，判若兩人。

口才好壞不是重點

這就是我想要說的：只要透過有系統的方法以及扎實的事前準備，不論口才好壞，每個人都能在台上表現得可圈可點，贏得台下觀眾的喝采。口才不好的人，只要依照系統化的表達架構，按部就班做好規劃，多次演練，不僅可以說得很有重點，還能夠說得流利順暢。口才好的人，更應該注意相關細節，追求更上層樓的表現，並非只是賣弄口才，說了很多，卻沒有完成預期的重點傳達，無法說服台下觀眾。

總而言之，不論平日口才如何，一旦上台就要讓自己在台上的那段時間有優異的表現。這個目標完全可以透過學習達成。在我指導過的學員中，經常見到像 Billy 這樣上台後令人刮目相看的「黑馬」。Billy 做到了，相信我，你一定也做得到！

1-3　上不上台，重要嗎？

上台說話可以是你的資產，也能成為你的負擔

　　也許你會問：「我又不是主管，也不想創業，一年頂多一、兩次簡報，就是按照公司規定的範本進行，上台的技術對我重要嗎？」就一般的職場現況而言，當工作者的能力不分軒輕時，上台的技術往往成了職涯發展的關鍵。關於這一點，可以從兩個實例中得到印證。

相同的上台，不同的命運

　　Steven 跟 Jeff 是大學同學，畢業後他們同時應徵上一間高科技公司，兩人都負責生產管理的工作。每個月公司有例行的生產報告會議，他們必須對主管做口頭報告，說明產線狀況、描述問題，並提出改善方案。對 Steven 而言，這是有點難熬的時刻。雖然他平常工作很認真，但是他不習慣在眾人面前說話，為了讓自己有安全感，他總會準備很多資料，然後報告時有所依據地照本宣科，希望把這段痛苦的時間撐

過去。

　　可能因為資料過多，主管經常在他念到一半時打斷他，有時要他直接跳到下一個重點，有時則提出問題質詢。這樣突如其來的干擾經常讓 Steven 手忙腳亂，在回答完問題後，也不知道怎麼銜接報告內容，甚至遺漏了重要事項。一段時間之後，Steven 越來越排斥在會議上報告，只希望能有多一點時間待在生產現場，他相信只要埋頭努力工作，就能獲得上司的肯定。

　　相較於 Steven，同梯次的 Jeff 上台的表現就好多了。面對相同的工作報告，他除了整理資料、製作投影片，還會事先設想主管可能提出什麼問題，並準備好回應的腹案。上場前，他一定抽出時間演練，讓整個報告更流暢。同樣的，主管有時也會在報告中提問並打斷他，由於大部分的問題已在他的預料中，回答時便多了一份篤定，也能從容地接續報告流程。雖然過程中仍不免有些緊張，但幾次下來，他的表現越來越穩定，主管清楚看到他努力的成果，覺得很滿意，開始指派他代表部門向高層主管做簡報。Jeff 也沒有讓主管失望，每每把握住機會，達成使命。

　　一年後，公司內部出現一個晉升的機會。你猜主管會提拔誰？是 Steven 還是 Jeff？

一項投資報酬率高的技術

這樣的例子比比皆是，相信你應該不會感到陌生。同樣是勤奮工作，卻因為上台報告的表現不同，長期下來造成不同的結果。職場上每天都上演著類似的故事，或許你會覺得不公平，是的，是有些不公平，然而，我們是否該換個角度思考，上台報告的技巧能讓你的工作實力與努力成果被看見，獲得應有的重視，這樣「高報酬」的能力難道不值得你學習並擁有嗎？

當一個關鍵的提案出現，你有沒有辦法運用上台的技術，分析上司的需求與期待，做出正確判斷，進而說服上司同意你的提案？

當一個重要的客戶出現，你有沒有辦法藉由精彩的簡報使客戶印象深刻，並說服對方選擇貴公司的產品或服務，讓你拿到期待已久的大案子？

當組織面臨瓶頸或變革，你有沒有辦法站上台，發揮領導者的影響力，帶領部屬思考、改變想法，並將所傳達的理念深植人心，同心協力推動組織的創新與成長？

不論你現在從事什麼工作、擔任什麼職務，隨著年資及職位的提升，上台的機會只會不斷增加，上台的技術對你而言日益重要。

上台或不上台，請選擇！

曾有大學生問股神巴菲特（Warren Buffett），對職場新鮮人而言，未來若想晉升必須具備哪些技巧？巴菲特回答：「最重要的技巧是：上台說話要有信心！這也許需要花一些時間學習，但這可能是你未來五、六十年的資產。如果你不喜歡或不自在，這也可能是你的一輩子的負擔。」台積電董事長張忠謀先生認為，「有說服力地表達一件事情」是大學生要下功夫學習的一項重要能力。蘋果創辦人賈伯斯（Steve Jobs）也說：「領導者必須是公司福音的傳播者，也是最佳的品牌代言人。」

聽到企業領袖一致強調上台說話的重要性，接下來得問問自己：關於上台的技術，你掌握了多少？

回頭看一下 Jeff 的例子，他職位晉升後，有更多上台的機會，不只對高層主管、廠商、客戶做簡報，對部屬進行培訓，甚至開始有內部或外部的演講邀約。當上台的經驗越豐富，他也越熟練自在。當然，他不會輕忽工作上的表現，但現在他更能藉由上台的機會，具體展現工作成果。偶爾他會回想起過去，很慶幸自己在剛成為職場新鮮人的階段，上過一門重要的課程，讓他學習到上台的技術。

開始永遠不嫌晚，上台的技術就等你來學習！

1-4 上台，只能為了工作嗎？

傳達理想，發揮無遠弗屆的力量

上台的技術不僅能應用在工作職場上，有時為了實現心中的夢想，上台向觀眾陳述自己的理念，這在網路發達的世界日漸受到重視。透過上台，可以傳達新的想法，說服對方扭轉原有的觀念，以具體行動來改變世界。台上雖然只有一人，卻有可能打動台下眾人的心，並透過網路觸及千千萬萬的世人，帶來革命性的轉變。上台可以有無遠弗屆的力量！

一位醫生的隱憂與理想

Kenny 是一位醫生，每天在醫院忙碌地工作，照顧病患不算輕鬆，但是長期下來他已習慣並能勝任。身為台灣醫療體系的一員，他內心一直有個隱憂——醫療正在崩壞中，這是他幾年來真實的感受。

這幾年健保財務吃緊已經不是新聞，醫師在治療病患時，除了要把病治好外，還要考慮一個更現實的狀況：「這筆治

療費用會不會被核刪？」對於醫療人員進行診療時，造成不少的壓力。此外，醫病關係的緊張、醫院暴力或法律訴訟的案例時有所聞。還不提有些醫藥大廠的專業用藥，因為過低的給付金額，已經逐漸退出台灣市場。

多重壓力交攻之下，Kenny 有心向社會大眾提出呼籲並做出一些改變，以便及時挽救台灣醫療崩壞的頹勢，畢竟這是涉及全民生命健康的重大議題，問題是：「要怎麼做呢？」

他想到了 TED，這幾年非常熱門的講座，每年都有許多不同的議題，包括社會、創新、科技、設計、藝術等，在 TED 的講台上與觀眾分享，同時也錄製成影片在網路流傳。「如果能登上 TED 談醫療崩壞這個議題，一定能引起更多人的關注吧？」他想著：「但是要從哪裡開始？」

如何站上大舞台？

「先練好上台的技術吧！」這是他腦海中第一個出現的聲音。雖然醫療這個題目非常重要，但對大眾而言過於專業，很多生硬的研究與資訊是有門檻的，不容易理解。他必須想出一些方法，透過淺顯易懂的口語表達，讓內容不失專業並引起大眾的興趣，進一步關心相關議題。這可不是只有上台講講話，整理一些投影片就能達到的。

之所以對這個故事這麼清楚，是因為我就是 Kenny 上台

的教練之一，他來報名我與另外兩位講師憲哥、震宇合開的簡報課，取得非常優異的成績，並獲得我們額外的指導。剛開始上課時我非常好奇，為什麼醫生需要修煉上台的技術，他才告訴我這個藏在心中已久的想法。

為了實現拯救台灣醫療生態的願望，他必須讓自己上台時更有影響力與說服力。在訓練課程結束後，他就去報名 TED x Taipei 的講者甄選。為了上台時能有絕佳表現，他做了上百次的事前演練；為了精準控制時間，他每次練習都計時，然後一而再、再而三地刪減投影片；為了在台上能打動人心，他事前徵詢了許多專家及教練的意見，多次調整內容細節，不斷練習自己的肢體語言……。整個過程很辛苦，但是他清楚知道，這些都是通往理想必經的歷練。

故事後來的發展是：他真的通過甄選，站上了 TED 的大舞台，跟台下還有全世界的觀眾，分享他對醫療沉淪這個議題的觀察與看法。透過上台這件事，他喚醒社會的關注並提出呼籲，希望大眾能以愛與同理心，滋養許多醫療人員即將枯竭的心。談的議題非常專業，內容卻令人十分感動！

除了工作之外，有沒有議題想與社會大眾交流？有沒有夢想與世人分享？除了專業與熱情，站上台拿起麥克風的那一刻，你是否做好完善的準備？如果還沒有，本書樂於提供協助，讓台上的你更有信心傳達你的理想，說清楚你的夢想！

1-5 上台的核心目的是什麼？

分享時光？傳遞資訊？說服觀眾？

　　每一次到不同的企業內訓，我經常會問一個問題：「你覺得上台重要嗎？」大部分的夥伴都認為「重要」或「十分重要」！這幾年下來，只有一次聽到台下回答：「上台不重要！」讓我印象特別深刻，他是 Bob，一間上市科技公司的主管。

上台的目的是傳遞資訊？

　　進一步追問後得知，Bob 經常要坐在台下參加大大小小的會議與簡報，每次都得花很多時間，聽台上念著密密麻麻的資料。他一直很納悶，每個人手上不都拿著一份台上正在念的簡報資料，「自己看就好了，為什麼要別人念給我聽呢？」他認為一邊看一邊聽，嚴重干擾了閱讀的效率，所以才會回答上台不重要。

　　我也有類似經驗，有一次我去聽一場演講，台上講者回頭專心地朗讀投影片，沒多久台下觀眾就倒成一片。該場演

講的主題是「如何透過創新及創意，提升產業競爭力」。然而現場只讓人感受到濃濃的「睡意」，看不到「創意」，也察覺不出有什麼「競爭力」。

相信很多人都遇過上述情況。如果上台的目的純粹只是「傳遞」資訊，建議可以參考亞馬遜公司的做法，直接在開會前準備好資料，然後發給所有與會者。會議一開始，沒有報告者，也沒有投影片，大家先「安靜地閱讀」，經過五到十分鐘之後，再針對資料上的議題進行討論。正如 Bob 所說，自己看資料比起聽他人念資料，效率好得多。

所以，如果上台不只是傳遞資訊，上台的核心目的到底是什麼呢？

不只是傳遞資訊

想一下，在報告工作進度時，你希望讓主管看到瑣碎的細節，還是讓主管知道你的工作重點，以及一切是否都在掌握之中，績效又是如何？

想一下，在一場新技術的簡報中，你希望觀眾被一大堆專業名詞或技術文件搞得頭昏腦脹，還是希望台下認識該技術的特點，以及未來如何應用在產品的開發上？

再想一下，當你站上台擔任講師授課或是演講，除了傳遞重要內容，你是否會試著發揮你的影響力，讓台下的學員

或觀眾在觀念上有所啟發，進而採取行動，試著改變自己或世界，並非只是從你身上得到相關資料而已？

再想一想，當你跟 Bob 一樣，坐在台下聽著馬拉松式的報告，你希望看到報告者照本宣科，還是期待報告者不僅說明重點，還能條理分明地給你支持該項提案的理由？

因此我認為，上台除了傳遞資訊外，更重要的目的是「說服」觀眾！

什麼是「說服」？簡而言之，就是影響他人的想法、態度、動機或信念，使其往特定的方向做出改變。透過上台這件事，讓台下觀眾接受並認同你的論點，起而採取行動，這個過程就是「說服」。

台上怎麼「說」，台下如何「服」

當「說服」成為上台的核心目的，重點就不僅是台上怎麼「說」，而是如何才能讓台下「服」，這絕對不是呈現細節或製作投影片而已。

「說服」與銷售產品不見得相關！讓台下認同你所傳達的想法，buy in your message, buy in your idea! 這才是真正的「說服」。

只要抓住「說服」這個核心，就能清楚判斷哪一種方式有助於台上的表現。

　　「密密麻麻的文字 vs. 圖片搭配關鍵字」，哪一種投影片吸引人，比較有說服力？

　　「盯著投影片念稿 vs. 看著觀眾說話」，哪一種眼神容易與對方交流，比較有說服力？

　　「雙手交叉胸前或插口袋 vs. 適當的肢體語言」，哪一種姿態沒有距離感、讓人信任，比較有說服力？

　　「現場昏暗 vs. 適當的亮度」，哪一種環境能讓人專注，比較有說服力？

　　「講大道理 vs. 說案例或故事」，哪一種表達生動、具啟發性，比較有說服力？

　　顯而易見，當台上的投影片有吸引力；講者的態度沒有距離感、令人信任；表達方式生動、具有啟發性；透過眼神的接觸，台下的需求得到重視，能與台上有所交流；而整體的環境有助於聆聽，觀眾不需要強迫自己……，在這樣的情況下，台下才能順利接收講者所傳達的想法並被說服。各種上台的技術，從開始時的暖場、說故事、與觀眾互動，用視覺化的方式呈現投影片，展現適當的肢體語言……，全都是為了提升我們在台上的說服力！

　　從現在開始，當你站上台，別再只想著資訊的傳達，而是心中清楚知道，你將「說服」觀眾，並朝這個預定的方向邁進。唯有確認好目的，你才能順利達到目標！

上台前，
這樣準備會更好

準備內容

2-1 以結果為導向的準備原則

一個核心，找到最關鍵的那件事

　　假設兩個星期之後，你有一個上台的機會，不論是對主管簡報、跟客戶提案，或是向一群專業人士演講，還是為公司新人上課，你正打算好好準備，然後在台上一展身手。

　　我想請問：「第一步你會做什麼呢？」

　　也許你會打開電腦，規劃投影片的製作；也許你會開始搜尋資料，思考上台的內容；也許你會找個人討論，聊聊自己應該講些什麼？

　　我的建議是：這些通通不要做！請關掉電腦，停下動作，好好思考一件事：「這次上台，最重要的『一個核心』是什麼？」

只讓觀眾記住一件事

　　有一次我應母校的邀請，跟年輕的學弟妹們分享自己在職場上的經驗。上台演講的題目是「職涯之路：如何讓天賦

自由」，校方希望我給年輕人一些對未來發展有用的建議，鼓勵他們挖掘自己的力量與熱情，迎向人生的挑戰。

其實，若要講我自己的故事並不難，只要整理一下過去的經歷，挑出幾個重要的事件與觀眾交流，再配合一些相片及影片，以我過去的上台經驗，相信對未來充滿憧憬的年輕人應該會聽得津津有味。我也開始進行內容發想，運用便利貼（這個方法後面 2-4 會談到）寫下腦中出現的一些想法，慢慢地把內容組織起來。

當發展到一個段落後，看到想談的內容逐漸增加，我忽然停下來，問了自己一個問題——

「如果觀眾只能記住一件事，那會是什麼呢？」

簡單的問題，不簡單的解答過程

「記住我的故事？」這應該不是我的目的，畢竟每個人都有自己的故事，最多只是經驗分享，我衷心期望學弟妹未來能走出自己的路。

「記得我如何做出選擇？」似乎比剛才好一些，然而不同的情況會有不同的考量，結果自然也不一樣。我的選擇不能套用在學弟妹身上，雖然可供參考，但是懂得因時因地制宜更重要。

思考了很久，「我到底希望觀眾記得什麼呢？」這個問

題一直在我腦海中盤旋。

　　回想過去幾十年的工作經驗，我學會運用許多工具與方法，幫助自己快速成長，例如心智圖、快速閱讀、列出生命50個目標、找出最佳工作時間、持續進修、培養寫作習慣、對事物保持好奇……。我的職涯故事與選擇，他人未必適用，然而「工欲善其事，必先利其器」是亙古不變的道理，相信對我有助益的利器與方法，一定也能幫助年輕學子們。「沒錯！我可以分享自我成長的工具。」

　　確定了這「一個核心」後，我立刻回頭大幅修改先前的內容，除了敘述工作上重要的經驗與故事，更增加了自我成長的技巧，並介紹各項實用工具。結尾時，我還指定台下要做的課後作業，讓觀眾回家馬上可以自行操作，實際體驗這些方法帶來的成效。從台下觀眾投入的表情，以及演講後回饋表上的滿意程度，我知道這次上台的任務是成功的。

抓出一個核心，足矣！

　　每次在上台前的準備階段，正式開始安排內容及投影片之前，建議大家先停下片刻，問自己這個問題：

　　「如果觀眾只能記住一件事，那會是什麼呢？」

　　或許你會覺得，花了這麼多的時間與心血準備，提供了豐富的內容與資料，結果才讓觀眾記住一件事而已，豈不是

太沒效率了！我的看法剛好相反，我深信如果在下台後，能夠讓觀眾深深地記住一件事，並且採取相對應的行動，已經接近上台的極致表現了！

當你確認了這次上台的「一個核心」，並找到最關鍵的那件事，接下來要做的就是試圖抓到準備的三個重點。至於是哪三個重點呢？下一節的故事將為你揭曉！

企業推薦

團隊在上完福哥的課程後，我覺得收獲最大的是在簡報內容、技巧、台風都有非常明顯的進步，並且最重要的是反應在銷售業績上，特別是幾個重要的指標型案子都成功簽約。我想身為老師的福哥，應該也覺得是值得驕傲的一件事。

——美商鄧白氏（D&B）台灣區總經理　孫偉真

2-2 好表現，靠準備

從三個重點開始

去年我有一場非常重要的上台機會，是對業界知名的董事長與總經理進行簡報。整場提案簡報非常順利，用不到五分鐘的時間，就已經完成預定目標，並確立接下來幾年的合作計劃。投影片很簡潔，每張都正中董事長的需求點，從他頻頻點頭微笑的反應中，看得出來他對我的提案非常滿意。

面談的最後，我拿起董事長寫的三本書（董事長把經營心得結集成書，本本暢銷），想請他簽名留念。他微笑看著我說：「簽名之前考你一個問題：你最喜歡的是哪一篇文章？為什麼？」

我停頓了一下，緩緩拿起第三本書，直接翻開224頁，然後看著董事長說：「這是我最喜歡的一篇，主題是專注，您在文章中提到：職場工作者應該專注在一項技能上，集中力量做好一件事。我非常喜歡這個觀點，也因此傾全力把上台相關技術的教學做到最好，這篇文章給我很大的鼓舞。謝

謝您！」董事長聽後先是有點驚訝，然後開懷地說：「很好，很好，我喜歡跟有準備的人一起合作！」然後請總經理馬上把合約準備好，當場要我們完成簽約。這個合作案，將為我的職涯發展開啟新的一頁。

完美的表現靠巧合嗎？

看到這裡，不曉得你是否留意到：為什麼我能在很短的時間內，完成提案簡報的目標？為什麼每一張投影片，都能正中董事長的需求？為什麼在請董事長簽書前，我能直接翻到書上的重點，並馬上說出那一篇的內容？這一切難道都是巧合嗎？

當然不是！上面是你看到的故事，但你所不知道的是：在見面的前幾天，我打過電話給我的好友，也是董事長目前合作的夥伴，向他請教了見面時會談到什麼？對方關心什麼？想得知哪些訊息？然後根據這些需求，我把面談的重點，以及我想分享的內容一一寫下來，然後加以整理。另外，針對董事長可能會提出的問題，我也預做準備。我還想像當我最後把書拿出來之後，他可能會問我對書中內容有什麼看法，所以事先花了一些時間，把每一篇的內容重讀一次，並且選出自己最喜歡的幾篇文章，折好書頁做記號！

為了讓表現更自然，我前一晚多次演練，確認整個內容

及過程的流暢度。當天提早一個小時抵達，先到附近的超商，除了再次檢查設備，又特別練習了翻書的動作，務必一次就翻到我要的頁數！這些事前仔細的準備工作，才是上台有滿意的表現並達到提案目標的關鍵。

你知道準備的三個重點嗎？

你有沒有發現，在這整個過程中投影片並不是最重要的環節。很多人一想到上台前的準備，直覺反應就是要製作投影片。然而打開電腦後，你會發現準備的重心反而變成：版面要如何安排？要放哪些文字？字要多大？投影片要用什麼底圖、該放什麼照片？這類技術上的細節會占去許多時間，讓你忽略掉真正的重點。

真正的重點應該是：對方想聽到什麼？我想說什麼？又該如何表達？

對方想聽到什麼？

你有設想過觀眾的需求嗎？他們的目的是什麼？希望解決什麼問題？你分享的內容是他們想聽的嗎？聽完之後能獲得什麼助益？符合對方的期待嗎？甚至進一步超越他們的期望？把自己置身於觀眾的立場，好好想一想。

我想說什麼？

你這次上台想分享的是什麼？希望傳達什麼訊息與理念？想呈現哪些重點？企圖完成什麼說服目標？下台後，你希望觀眾記得什麼？投影片只是輔助工具，更重要的是內容，還有整個內容結構的安排。

該如何表達？

你要怎麼設計流程？用什麼方式呈現？如何強調重點？時間怎麼分配與掌控？需要使用哪些設備、器材或道具？

只要抓住這三大重點，上台前的準備就能面面俱到。以下的章節會談到系統化的準備方法，它還可以是你上台依循的流程。此外也會分享一些實用工具，幫助你節省準備與構思的時間。接下來讓我們看看準備上台的第一件事：分析觀眾需求。

2-3 在台下的人是誰？想聽到什麼？

分析觀眾，了解真實需求

　　分析觀眾需求，除了上一章談到跟董事長見面的經歷，我想再多舉幾個實例。

　　平時除了企業內訓課程之外，我很少進行公開演講，大概平均兩年才接受一次公開演講的邀約。因為演講就像開演唱會，需要投入很多的時間與精神。

事前「感受」現場觀眾的需求

　　幾年前我接受好朋友 Richard 主辦的 HPX（網站企劃聚會）的演講邀約，我請主辦單位事先將報名表寄給我，看著上面每位參加者從事的工作及職位，我開始思考：為什麼他們想來參加這場演講？他們最想聽到什麼？在一個半小時的演講結束後，他們期望帶著哪些收穫離開？

　　為了更精確感受觀眾的需求，我特別提早兩個月，去參加不同場次的 HPX 活動。除了感受一下現場的氣氛，我也利

用下課時間，做了幾個隨機的訪談，問一下對方聽這場演講的目的是什麼？會不會參加之後的場次？如果會的話，又有什麼具體的期待？

透過這樣的過程，我想要事先了解：觀眾的需求到底是什麼？

當然，因為種種時空的限制，不可能每次上台之前都到現場去感受。如果無法到現場，還有幾種可能的做法，例如事先透過電話詢問關鍵人士，有可能是主辦單位（以課程或演講而言），有可能是同事、主管或是客戶（以簡報而言）。在詢問的過程中想辦法去了解：觀眾的需求到底是什麼？他們想要從你這次上台，具體獲得些什麼？他們希望解決什麼問題？他們最想知道的是什麼？為什麼要來聽你的簡報、授課或演講？

沙盤推演對方的想法

再舉個例子。我曾經向國內頂尖企業的人資長進行提案簡報，事實上在見面前所有的提案都已經完成，也跟該公司的訓練人員談妥細節，但是人資長仍然希望跟我見個面，簡單再談一下。同樣的，我問我自己：人資長為什麼要跟我見面？在見面的過程中，她想知道什麼？

我事先也打電話給承辦的訓練人員，問他同樣的問題，

以推測對方心中的需求。透過這樣的準備，我知道人資長想了解的並不是專案執行的細節（這些細節他手下的訓練人員早已處理完畢），而是我專案執行的能力以及執行後的成果。人資長跟我見面，是想再對我有多一點的認識，評估我是否有足夠的能力完成專案，並且做好了準備。

因此在會面時，我沒有花什麼時間去說明提案的內容，反而一開始就提供過去客戶對我的評價，以及相關事實與統計數據，還給人資長可供查證的姓名及電話。這完完全全切中對方的需求，我一面說話，一面看她頻頻點頭。大約五分鐘之後相關說明告一段落，我說：「請問人資長還有什麼問題嗎？」只見人資長笑著說：「關於提案我沒有其他問題了，但是關於這場簡報我倒想要問問，你是怎麼知道我的想法啊？」

這一切都是事前的準備，用心了解對方的需求並做沙盤推演。

當然問卷也是個好工具，可以事先用 e-mail 直接詢問參加者：他們的需求是什麼？心中有哪些問題？希望從這次的簡報、課程或演講中具體獲得什麼？如果沒辦法直接從參加者那裡得到答案，同樣的問題可以詢問活動的承辦單位。如果是簡報，可以 e-mail 給會議的負責窗口；如果是課程或演講，可以找主辦者與承辦人員。想辦法在事前多獲得一些資

訊，有助於你清楚掌握觀眾的需求。

透過三件事，了解觀眾需求

如果因為某些限制，事前無法取得任何資訊，該怎麼辦呢？你還是要自行推測並想像一下觀眾的需求，至於是否準確，就取決於你的經驗了。無論如何，上台前一定要清楚掌握三件事：

- 台下的觀眾，心裡最想知道的是什麼？
- 台下的觀眾，來參加的目的是什麼？
- 台下的觀眾，結束時希望能帶走什麼？

事前了解觀眾的需求，要花一些時間與工夫，不過最常見的狀況是：台上的人根本沒有仔細想過這件事！上台只講自己想講的，而不是觀眾想聽的，當然不會有好結果。這算是上台最容易發生的問題之一，越是專業的技術人士，越容易陷入這種狀況而不自知，往往急於分享自己領域的成果，卻忘了觀眾的需求何在。

事前分析的功課做得越到位，越能幫助你達成上台的任務。一定要想辦法蒐集相關情報，或是沙盤推演觀眾的需求，描繪出一個輪廓，接下來才是上台準備的下一件事：構思內容。

2-4 如何構思內容並激發好點子？

善用便利貼整理想法

　　構思內容與發想點子說來容易，但不知你是否有這種經驗，打開電腦看著空白的畫面與游標，許久擠不出東西來？或者，你非常熟悉要談的主題，滿腦子都是好點子，一開始就停不下來，但是總是改來改去，搬前挪後，一直找不到滿意的架構與順序。每調整一次就等於從頭來過一遍，重複無謂的動作，浪費許多寶貴的時間，中間還不時又有新的想法冒出來，根本不知該讓它們何去何從！

　　在準備階段，構思內容是很重要的。好的構思工具能夠激發你的點子，並安排出適當的流程。我在準備上台時常用的構思工具有二種：一是便利貼，另一是心智圖。這裡將介紹最簡單，也是我最常用的便利貼法。

操作便利貼法的四個階段

　　在構思上台的內容時，我會先找一片空白的牆壁、門板

或是玻璃窗。然後開始把腦海中的想法，寫在一張張的便利貼上，接著張貼、整理、排序、抓重點，最後擬出架構大綱。這種方法能節省很多時間，效果非常好，許多關於創意思考的書籍都介紹過這種做法。由於思考過程中不必用到電腦，不會被打字、安排版面或電腦技術中斷，因此一啟動，便能流暢地進行下去，是我在構思上台的內容時最喜歡用的方法。

接下來要談便利貼法的操作細節，並以我一場講師分享會的準備為例。該場演講的主題為「找出您的關鍵字影響力」，目的是跟台下講師們分享，如何建立自己在網路上的關鍵字，擴大個人影響力。我利用便利貼逐步完成演講內容的發想與構思，整個過程分為四個階段：

第一階段：發想

在便利貼上寫下任何你想得到的，跟上台（簡報、上課或演講）主題有關的點子，每張便利貼只寫一個想法或概念。想到的都先寫下來，不用擔心正不正確，也不必管先後次序。之後還有機會調整，現在只要把想法化成文字，並將寫好的便利貼張貼到牆上。

在這個過程中最重要的就是：不批評！如果是兩人以上共同發想，請不要批評任何人的創意，千萬不要說出「這個不好……那樣不對……」之類的字眼。如果是自己一人做創

意發想，同樣不要鞭笞或否定自我。這個階段的目標就是把腦海裡的想法全部寫到便利貼上，只要單純地發想並蒐集點子就好，保持中立，不要有任何的評判，先求有，再求好！

　　由於談的主題是「找出您的關鍵字影響力」，我馬上聯想到搜尋引擎、何謂關鍵字、與影響力的連結、網路社群、網路文案、案例分享、做法與建議……，我把腦海中出現的想法逐一寫在便利貼上，一張寫一個關鍵字或點子，每寫好一張就立刻貼到牆上。大概花了快 20 分鐘的時間，貼了將近 30 張便利貼。

　　有時點子出現的速度趨緩或沒有想法，不用緊張；有時看著牆上的便利貼，突然又冒出新的點子再補上幾張。若是遇到比較有挑戰性的主題，甚至會把便利貼一直貼在牆上，等於持續在發想，隨時可以更新，一直到上台任務結束後才會撕下來。

第二階段：分類

　　大約貼了 30 張便利貼後（可以貼更多，但至少要有 30 張），想法差不多蒐集到一個程度，接著把類似主題或相同特性的便利貼集中起來，簡單分類一下。在分類的過程中，一或兩張可以是一個類別，五或六張也可以是一個類別，分類只是暫時的，之後會重新排序，因此快速就好，不用要求

精確的分類。

如果在分類的過程中，發現某些便利貼真的不知如何歸類，可以暫且放到一旁。或是你發現某些便利貼離主題太遠，那就直接把它揉掉吧！捨棄即可，只是一張便利貼而已。在發想階段大膽一點，反正會再過濾與整理。

我看著自己牆上混亂的便利貼，開始把相同屬性的放在一起，例如「搜尋實例」、「錯誤搜尋」、「案例示範」……，比較接近關鍵字的定義。還有像「架站工具」、「系統選擇」、「個人網址」……，這些與架設網站有關，我一一調整位置，屬性接近的貼在一塊。有幾張暫時無法分類，先擱在一邊，待會再處理。還有一張「SEO 搜尋引擎最佳化」，不適合這次的觀眾，就順手把它揉掉了。

我跟學員一起利用便利貼，構思及整理簡報內容中。

很快地，原本一整牆混亂的便利貼，分出不同的類別與區塊，包括實務案例、優點、效果、決定關鍵字、如何架站、寫作技巧、分析工具、進階技巧、錯誤案例、最佳實務、尋求專業，總共 11 個類別。

第三階段：排序

大致完成分類之後，接下來要思考呈現的次序：哪些應該先提？哪些應該後講？把剛才分好的類別，進行一次排序。將一張張的便利貼依照你想呈現的次序，從上到下、由左而右重新貼好。由於剛才已經做過初步的分類，現在排序起來應該不算太難。

因應不同主題自然會有不同的次序安排，沒有一定的公式。重新排好後，試著自行講講看，確認順不順。透過事前的演練，可以讓結構清楚、流程順暢，至於演練的方法之後（參見 4-2、4-3）還會詳細介紹。

以我這次的上台為例，由於演講的對象不太熟悉網站及關鍵字操作，因此我決定從「實務案例」談起，接下來依序為「決定關鍵字」、「如何架站」、「寫作技巧」……。我看著牆上的便利貼，一邊思考如何順暢地說明，一邊移動便利貼，調整成理想的次序。我可以看到上台的內容逐漸成形。

排好後，我試著從頭到尾簡單講一下，自己聽聽看是否

順暢。若有感到不順暢，因為是便利貼，很快就能拿起來重貼。就這樣不斷地調整及排序，慢慢找到整體的流暢性。

第四階段：抓出重點大綱

排序完成後，內容雛形顯現出來。接下來，根據全部內容抓出最重要的幾個關鍵，據此將內容切割成三到五個部分，成為上台演講、簡報或授課的重點大綱。

請記得，不要貪多，把大綱的重點控制在五個以下。根據個人經驗，如果超過五個，台下觀眾會覺得太多而記不住，整體結構也會顯得鬆散、瑣碎，因此務必好好思考一下如何濃縮，讓結構精簡而扎實。

例如在「建立您的關鍵字影響力」的內容順序排出來後，我試著抓出重點大綱。把實務案例與錯誤案例濃縮成「案例介紹」，然後把七個實務做法，區分為「入門版」、「進階版」、「終極版」三段落，最後把優點及效果濃縮成「效益分析」。這樣就可以將大綱重點調整為五個，符合規劃的原則。

透過這種重點切割的方式，台下觀眾能清楚掌握我演講的內容，也容易記住實務的三階段，並連想到每個階段的做法，由淺入深，環環相扣。這就是重點大綱的威力。

結構清楚，流程順暢

便利貼法可以幫助你快速蒐集想法，有效率地找到最佳組合及順序，輕鬆抓出重點大綱。便利貼易撕易黏的持性，很容易在過程中不斷調整，讓我們能夠專注在內容的構思上。先掌握架構大綱與流程的順暢性後，才著手製作投影片。

之前提到過心智圖，基本概念相同，也是先進行創意發想，然後分類及排序，最後歸納成重點大綱。心智圖會運用到圖像化及關連性的思考，並且以從中心往外放射的方式展開，有軟體可以在電腦上操作。心智圖同樣是很實用的發想工具，相關介紹與學習應用，可以上網搜尋或閱讀書籍。

不論是演講、簡報或授課，便利貼法或心智圖法均可幫助你上台前快速組織想法，找到整體的結構性及流暢性，讓你準備得更好、更有效率。下次上台前你一定要試試看！

2-5 沒有點子，怎麼辦？

看書、找投影片、聽演講，讓你創意泉湧

　　不論便利貼或心智圖，都是幫助發想的好工具。但它們畢竟只是工具，運用這些工具，能將原本腦海中或清楚或隱晦的想法化為文字，匯聚起來。當它們具體呈現在眼前，就能進一步分類、整理、抓出重點並擬出架構大綱。但如果問題是：腦海中根本沒有想法，這時該怎麼辦？

　　曾有一位學員 Benson 在下課後跑來找我。他是公司挑選出來的內部講師，上司要他指導同仁做時間管理的規劃。雖然時間管理這個主題並不複雜，可是要把它變成豐富精彩的課程或簡報，一時之間他還真不知道該如何著手。他在構思階段才貼了幾張便利貼就卡住了。Benson 坦承他的苦惱，問我有沒有妙招。

　　「自己沒有點子？那就去參考別人的啊？」每次我遇到這種情況，最常做的三件事就是：看書、找投影片、聽演講。做完這三件事，從中得到的刺激與靈感，遠遠超乎預期。

方法一：看書

書籍中有系統化的知識，是構思時最佳創意來源。未必要仔細地從頭讀到尾，反而建議快速且大量地瀏覽，過程中自然會浮現一些想法，記得把它們寫下來，然後轉成便利貼或是心智圖。

書可以買也可以借，但是不要只看一本，而是集中一個主題參考多本書籍。每本書的觀點不盡相同，所引發的刺激也會不同，如果可以多參考幾本，觸及的面向將比較完整。

我在發想一場演講時，大量參考書籍，並觀看網路資料及影片。

Benson 聽了這個建議之後，馬上到附近的圖書館找了幾本時間管理的書，自己也買了一、二本評價不錯的推薦書。

透過快速翻閱，他更清楚時間管理的理論及應用，也知道管理大師彼得・杜拉克（Peter Drucker）如何進行時間記錄、預留完整時間，以及定期檢討工作的方法。有些是他之前做過的，有些是他還不熟悉的。閱讀讓他得到一些啟發，他也多貼了好幾張構思的便利貼……。

方法二：找投影片

激發構想的另一個方法，是直接找一下別人製作的投影片，每一份投影片都代表了一個課程、一場簡報或演講，在看投影片的過程中，可以知道其他專業人士如何處理類似的主題。只要看過 10 至 20 份投影片，你會發現大部分投影片都會提到一些共同的觀點，這便是創意的來源之一。

請注意！我並不是建議你抄襲別人的投影片，雖然你會發現許多投影片大同小異。我希望你透過觀看投影片，激發自己不一樣的創意及想法，而不是從零開始發想。有一句話說：「不要重新發明輪子。」參考別人的作品並沒有什麼不好，從大量參考的過程中累積想法，在既有的基礎上加入自己的點子，人類才能不斷進步。

Benson 接著 google 了「時間管理 filetype:ppt」這幾個關鍵字（只找投影片檔），總共搜尋到 79,100 個與時間管理相關的 ppt 檔案，他大致看了 20 至 30 份後，發現常談到的主題

有：時間管理矩陣、浪費時間的原因、工作紀錄、要預先準備等，這些觀念他之前就已知道，但尚未系統化地整理出來。在參考了眾多投影片之後，面對接下來上台內容的規劃，他心中的藍圖逐漸清晰，也激發出許多想法，讓便利貼快貼滿一整面牆。

方法三：聽演講

感謝網路技術的發達，如果你的主題不太冷門，便有機會在網路上找到相關簡報、課程、演講的影片。透過觀摩，不只可以看到具體內容，更能觀察到其他講者在台上是如何呈現的，這樣的刺激特別直接而有效果。

再次強調，是要參考而非抄襲，兩者之間有著巨大的差別。我們不需要變成其他人，而是想辦法展現更好的自己！在現有的基礎上加入你的個人特色，除了基本原則與原理之外，你自己的看法是什麼？有什麼類似的經驗？曾遇到怎樣的故事或案例？如何結合本身特質，將這個主題改進得更符合觀眾的需求？在準備階段大量吸收，將自己融入其中，架構嚴謹並充分發揮個人特色，這才是你要努力的方向。

回到 Benson 的例子，他在網路上搜尋到幾份時間管理的影片，其中有《最後一堂演講》（The Last Lecture）作者蘭迪·鮑許（Randy Pausch）教授的現身說法。Benson 這才發現，

原來時間管理也可以講得這麼生動有趣，鮑許教授演講中所介紹的方法，例如多螢幕工作、e-mail 處理原則、找出個人效率時間等，全都是務實而實用的方法。Benson 一面看一面思考，自己平常在工作及專案管理上，還用過或看過哪些工具值得跟同仁分享？想著想著，腦海中又浮現出許多有意思的想法。

透過上述三種方法：看書、找投影片、聽演講，原本以為沒什麼點子的 Benson，現在想法多到快要爆炸！還好他運用了便利貼法，把各種想法寫下來，先視覺化，再分門別類，然後找出其中的結構、次序與從屬關係。他一面找資料，一面整理，雖然花了不少時間，但是努力沒有白費，因為成效可觀！最令他高興的是，在整個過程中他不僅構思了上台的內容，也對時間管理這個主題有了全方位的思考與學習。帶著充分的準備與信心，他在台上的表現專業而精彩，得到台下學員與主管異口同聲的讚美。

Benson 後來笑著告訴我：「我真不敢相信，這些方法並不難，為什麼我之前都沒想到呢？還覺得自己腦袋空空，什麼點子都沒有！」是的，方法一向都不難，難在執行。只要花時間動手去做，你就會發現自己的創意泉湧，超乎想像！

企業推薦

向福哥學簡報，會讓你的簡報晉升為「新時代」的簡報！（舊時代的簡報讓人想回家睡覺……）每一次上台都當作是唯一的機會，有了這本書，你才會知道該如何為自己的呈現更用心、更負責！

——德國施巴教育訓練講師　林芷誼

每人都有屬於自己的天賦，而天賦往往被既定框架所侷限。福哥教導的概念，讓我不斷地拆除舊有的上台簡報框架，重新思考如何有效精準地表達，讓所要傳遞的訊息產生實質影響力。上台是一種媒介，重要的是我們想給聽眾什麼？

——中國醫藥大學附設醫院精神醫學部臨床心理師、
社團法人新竹市生命線員工協助服務中心特約講師　林俊成

過去從事培訓工作時，有人請我推薦簡報講師，必掛保證推薦：王永福老師；現在成為專業講師後，課程架構必以便利貼法從擴散到聚斂，有系統地規劃；未來在講師這條路上，福哥的敬業態度、熱血表現、專業成果，必奉為圭臬。

——兩岸企業培訓講師　莊舒涵（小卡老師）

許多人都是看到福哥在台上 100 分的表現，而我是少數看到福哥在背後 200 分準備的人！

福哥是一位親身實踐自己所教方法的老師，這本書毫無保留地告訴大家實踐的方法，我推薦每位想要上台的人都一定要有這一本書！

——兩岸知名企業創新與銷售培訓顧問暨創新管理實戰研究中心
執行長　劉恭甫

身為一位智慧財產權顧問，我經常得向客戶報告繁冗的分析，並協助做出決策。福哥的《上台的技術》，幫助我更能化繁冗為精簡，讓客戶在短時間內做出適當的取捨判斷。福哥的這些密技即將出書，大家可千萬別錯過了。

——柏克企管講師&專利暨智財顧問　賴建坤

3

準備輔助工具──投影片

3-1 脫胎換骨的投影片製作心態

拋開對與錯，專注思考重要的問題

身為簡報教練及內部講師顧問，我經常有機會坐在台下，看著台上各種專業主題的投影片，範圍從半導體產業（良率改善／產量提升）、到產業的上下游（機台設備／軟體工具／IC 設計／專利智財），有時再跳到另一個領域，例如金融相關行業（投資工具／金融產品／營運檢討），或是傳統產業（作業安全／效率提升／產品研發／作業標準）。在過去幾年裡，我真的看了非常多的專業投影片。

大部分投影片會出現一些常見的問題，然而最重要的問題是出在製作投影片的心態上。

超級任務：年度績效簡報

有一次我受邀至一間知名跨國企業授課，該公司名列富比士雜誌全球排名前五百大。那次參與課程的學員只有四個人，全都是主管，他們即將在三個星期後上台，向總公司的

高級主管做年度績效報告。這是一年一度的簡報大事,很大程度影響總公司對台灣分公司的評價。我的任務就是協助學員們上台簡報時能夠順利完成使命,至少在簡報這件事情上,讓總公司的主管滿意。

但是我遇到了兩大阻礙,阻礙一在於投影片本身。每一張投影片都是密密麻麻的長篇大論,充斥大量的專業術語,流程圖看不到重點,工作說明都用很小的字體……。針對年度的績效表現,只有大篇幅的條列式文字,看不到任何圖像、照片或實質證據。有幾份投影片為求減少張數,刻意控制在十張以內,因而每張投影片塞進了更多資訊,很難找到重點。

從觀眾的角度來思考,假設你是總公司的高級主管,從美國搭飛機來台灣,放眼台上只有密密麻麻的資料,這會是你想要看的內容嗎?這樣的績效簡報能夠說服你給予正面的評價嗎?

雖然投影片有待大幅修改,然而學員的心態才是癥結所在!我很快就注意到,每個人都提出種種理由告訴我,這些投影片是「對的」,並且拒絕改變。他們會說:「這是我們公司的文化,簡報向來是這樣做的!」「以前我們都是這麼做的。」「這是公司的範本,主管是這麼要求我們的!」最後還補上一句:「老師,您不懂啦……」這就是我遇到的第二項阻礙。

改善技術之前，先調整心態

這樣的情況你覺得熟悉嗎？當接觸到製作投影片的新觀念時，你是否一方面覺得有道理，另一方面又認為那並不適用於你的工作？

於是，我請四位學員暫且撇開「對與錯」的想法，重新思考一下：簡報應如何有效傳達訊息並且說服對方？而投影片可以在這方面發揮什麼功能？每間企業有自己的文化，老闆的要求不盡相同，有時無關對錯。上台報告或做專業簡報時，讓投影片吸引人，輔助觀眾快速理解而非干擾理解，這應是共通的原則。唯有如此，我們才能有效地達成工作任務。

就在釐清簡報與投影片的原則後，四位學員試著修改。起初大家還半信半疑，對於擺脫舊有習慣，內心還是有些衝突與掙扎，花了不少時間調整。一旦拋開先入為主的想法，不再執著於對與錯，而是專注於讓投影片發揮最大效果，並配合自己的表達製作出理想的投影片，困難迎刃而解。

上台簡報，你也可脫胎換骨

在課程結束後不久，客戶主管親自致電給我。他興奮地說：「整場簡報非常成功！總公司的主管很滿意，高度肯定台灣分公司的表現。對於整場簡報，他用了『進步驚人』、『印

象深刻』、『脫胎換骨』這幾個形容詞表示讚許。」我聽了真替他感到高興，心裡卻想著：「脫胎換骨，這句英文怎麼說啊？」

如果你想知道這間跨國企業的主管們，掌握了哪些投影片的製作原則，怎麼修正常見的問題，在台上又如何以簡單的技巧，贏得高級主管的認可與讚揚，接下來將有詳細的說明，歡迎與我一起進入這一章。

企業推薦

王永福老師熱情、專業、有勁的簡報課程，讓含蓄的同仁也都能充滿動能，讓我佩服不已。他所傳授的技巧，不管是便利貼，還是高橋流，招招都讓同仁在學習上有很高的評價，在工作上更是即學即用。相信這本《上台的技術》能讓隨時需要準備好上台的職場人學到新招，自信上台。

——台灣日立亞太人資經理　林淑櫻

3-2　好的演講或簡報，一定要有投影片嗎？

從嚴長壽總裁的演講，思考投影片的應用

有一個論點是：「好的演講或簡報，並不需要投影片。」我想透過實例來檢視這個說法，並分析投影片在台上具體發揮何種功能。

閒暇時，我經常上網觀看各種型態的簡報或演講，從實務中學習。我最欣賞的一位演講者就是嚴長壽總裁。嚴總裁的演講很少說教，總是透過一個又一個的故事或例子，讓我們學習到人生智慧。內容生動有趣，且能令人回味再三。嚴總裁可以說是演講及上台表達的大師級人物。

從沒有到開始運用投影片

大部分的時候，嚴總裁演講不需要任何投影片，只要站上台，觀眾自然而然會把目光投到他身上，並被他流利的口才與故事所吸引。相信聽過他的演講的觀眾能夠認同，以嚴總裁高超的表達技巧，是可以完全不需要投影片輔助的。

不過我注意到，在「為土地種一個希望」關於花東未來發展的演講中，嚴總裁使用了投影片。這些演講內容談到他如何整合各方資源，幫助偏鄉部落發揮特色並且加值提升。當他談到台東成功鎮的例子時，畫面就出現成功鎮的街景，他一邊敘述，一邊流暢地切換投影片，台下觀眾先看到部落殘破的街景，然後是青少年們發揮創意製作的手工鼓，接著藝術家的進駐與加入，青少年們開始學習打鼓的技巧，不久就是登台表演的實景。還有在地的編織藝術品，以及透過景觀學專家特色包裝之後的變化，部落文化擁有新的生命……。

投影片總是在最佳的時間點出現，恰好搭配上嚴總裁的說明，投影片上沒有太多文字，就是一幅幅的動人畫面。有時在他的一段話中，出現了好幾張投影片，切換時並沒有中斷說明，而是一氣呵成。觀眾隨著他的節奏前進，在聽到故事的同時也看到影像，整場演講超級精彩且振奮人心。

增加舞台效果的有力道具

好的演講或簡報，一定要有投影片嗎？我確信以嚴總裁深厚的功力，即使不用投影片，上台演講照樣吸睛且發人深省。為什麼他要使用投影片呢？

若把上台的過程比喻成舞台劇的表演，上乘的演員若沒有道具或布景的陪襯，也能演好一齣劇，但如果配上傑出的

舞台設計，整齣表演更加精彩可期。投影片的角色就像舞台上的布景或道具。

當嚴總裁說起故事，純粹口述也能描繪得入木三分，如果還有布景或道具來襯托，觀眾不必想像就能身歷其境，對於台東部落的改造過程便有更深入的理解。我們未必能成為上乘的演員，但是我們可以善用布景或道具；我們也許沒有說故事的天分，但是我們可以學習投影片的技巧，加強上台的效果。如果連擅長說故事的人都用道具增加上台表現的力道，那更何況是一般人呢？

莫忘上台的初衷

上台最重要的目標是說服聽眾，讓聽眾認同我們所說的，接受我們想傳達的。投影片是輔助我們達到這個目標的有效工具。

回歸原點，問題不在於是否要使用投影片，而是該怎麼做才有助於說服觀眾。回頭看看自己的投影片，在台上到底是助力，還是阻力呢？再想想嚴總裁的演講，相信你會得到啟發。

3-3　跟賈伯斯學投影片的三大技巧

全圖像、大字流、半圖半文字

　　這幾年上台的技術逐漸受到專業工作者的重視，有很大一部分的原因，可以歸功於蘋果創辦人賈伯斯。

　　每年蘋果公司的產品發表會，眾人除了期待蘋果的新產品，賈伯斯在發表會上的表現也是關注的焦點。每次都可以看到他輕鬆寫意地在台上介紹著各項炫目產品，台下觀眾的目光緊緊跟隨著他的每一個動作，並在一張張切換得恰到好處的投影片中，抓到他要表達的重點。不論是產品的外觀、規格、功能或競品比較，賈伯斯總有辦法將冷硬的 3C 商品，透過生動的語言，轉化為充滿魅力、有溫度的物件，挑起購買的欲望。如同《賈伯斯傳》裡說的：他能建構一個「現實扭曲力場」，讓人們接受他的觀點，馬上被他說服！

神一般的技巧可以複製嗎？

　　書市中有許多分析賈伯斯上台及簡報技巧的書籍，專家

們仔細拆解他在台上的舉手投足，包括他如何建構內容，如何安排問題與解決問題，如何強調重點，如何走位，如何應用「三」的黃金原則，甚至設計了英雄與壞人對立的故事原型……。看了這些書之後，我們不禁讚嘆，真是太神奇了，賈伯斯果然是天才！

然而在這些讚嘆之後，我們做了什麼？許多人從中得出一個結論：他是神，我們是人，這些技巧不是一般人做得到的。

這樣的推論其實並不合理。撇開上台技巧整體的複雜性，光從對賈伯斯投影片的觀察中可以發現一件事：他只運用三種技巧就搞定了百分之九十的投影片。你不相信？回顧一下賈伯斯的經典簡報，很快就能歸納出以下三大技巧：

技巧一：全圖像

在台上，當賈伯斯談到 iPad，畫面上就出現一台 iPad；當他談到 iPhone，畫面上就有 iPhone 的分解結構圖；當他談到 Apple Store，台下觀眾會看到新開張店面的照片，還有開幕時排隊的人潮；而當他談到新款手機比較薄時，視覺上同時就有新舊二款厚度的對比……。換句話說，觀眾無須想像，甚至無須思考，只要講者提到什麼，投影片就搭配相對應的畫面。這是賈伯斯最常用的第一種投影片技巧：全圖像。

如果觀察得再仔細一點，你會發現畫面上除了大大的圖

像，其他的一切都很單純，背景總是深黑或深藍，沒有公司logo，也沒有許多人經常會放在每一頁投影片上頭的標題文字。就只是單純的大圖片，排除各種干擾。必要的時候，才會加上一點說明文字或是標識記號，畫龍點睛指出圖像的重點。

　　一切都如此簡單，但是在簡單的背後，也有一些不簡單的事。我們若想模仿賈伯斯應用全圖像，這些不簡單的事就會逐一浮現，包括：如何找到適當的圖片？在深色背景上的圖像元素如何去背？圖片大小以及版面該如何配置？更重要的是，針對不同的專業主題要如何轉換這些視覺技巧？

技巧二：大字流

　　當賈伯斯提到重要的關鍵字或數字時，畫面上就會出現很大的字同步強調他提到的重點。譬如當他談到 iPad 銷售了兩百萬台，畫面上就是「2 Million」的大字，讓數字說話，威力無窮；當他談到 iPhone 技術領先競爭者五年，畫面上便有大大的「Breakthrough」，無可撼動；當他介紹 iPhone 4 有八項特點時，便逐一出現有 1-8 數字的投影片，用意在於標示並區隔每一項特點。這就是賈伯斯常用的第二種手法：大字流（又稱「高橋流」或「萊斯格流」）。

　　這些字的大小經常超過一百號，甚至是兩百號，也因為

字體很大，所以只使用關鍵字，絕對不會有一長串的句子。最多就是在大字的下方，加上一點補充說明的小字。文字經常以黑底白字的方式呈現，形成強烈的對比。實務上，也會有人使用白底黑字或是不同顏色的字體。

這時候的重點便在於：如何選擇真正的關鍵字？如何呈現才不會顯得突兀？字型與顏色要如何適當搭配？

技巧三：半圖半文字

畫面上分成左右兩大區塊，一邊放圖像，一邊放文字。例如賈伯斯討論到 Apple TV 的特點時，投影片左塊放了 Apple TV 的照片，右塊則是「HD 畫質」、「低成本內容」、「無需電腦」等條列式文字。這種手法適用於專業簡報的場合，例如在介紹 A5 晶片時，投影片畫面的左邊可以是 A5 晶片的照片，右邊則逐條列出「雙核心」、「CPU 2 倍快」、「9 倍圖形運算速度」等文字，這樣既有視覺圖像又有說明內容，兩者兼顧。

請注意！圖像的選擇要與條列式文字相呼應。文字也不能多，最好控制在五行以下，最多不超過七行。更重要的是：要有節奏感！講到一行，才出現一行。讓觀眾隨著你的說明，看到文字重點的呈現，不要一開始就全部一次露出，那樣反而不知道重點何在。即使專業主題不同，半圖半文字的手法

都能轉換應用。

簡單，是值得追求的目標

　　全圖像、大字流、半圖半文字，就是賈伯斯常用的投影片三大技巧。與一般投影片的最大差別在於：它太簡單、太簡化了，這讓很多人不知道要如何應用在自己的專業主題上。一如賈伯斯所言：「簡單比複雜更難。」（Simple can be harder than complex.）如何學到賈伯斯技巧的精隨，讓充斥著一堆文字、沒有重點的投影片，變得清楚明白、能吸引人，並在實務上取得最佳效果，下一節開始將有詳細的說明。

企業推薦

　　福哥讓我學到如何讓簡報呈現更清晰，一眼就懂；如何在有限的時間闡述理念後，得到聽者的認同，並且產生行動。

　　福哥將簡報及上台的精隨寫在書中，就算沒上過福哥的課，擁有這本密笈，充分練習與運用，您也能輕鬆地設計一場具吸引力、影響力的簡報。

　　　　　　——第二屆中國培訓我是好講師全國 30 強講師　蔡湘鈴

3-4 什麼是全圖像投影片？

有圖有真相，看圖說故事，讓說明很有畫面

　　當今國際上最流行的投影片風格之一，就是全圖像投影片。從蘋果電腦創辦人賈伯斯、行銷大師賽斯·高汀（Seth Godin），到許多 TED 講者，都是全圖像投影片的愛用者。身為專業工作者，你若能在台上善加運用全圖像投影片，觀眾一定會覺得你的說明很有「畫面」，將你視為國際級的上台達人！

用畫面取代文字說明

　　全圖像投影片並不複雜，大原則就是：當你在台上說明時，投影片呈現出大畫面，同步搭配你的說明內容。例如，賈伯斯談到 iPhone 的內部構造，投影片就是 iPhone 的構造圖，一目了然；美國前副總統高爾（Al Gore）在談到全球暖化危機的「不願面對的真相」演講中，當他描述到融化的冰河時，投影片就是世界各地原本壯觀的冰河早已不復存在的

景象，十分震撼；當積極從事慈善事業的比爾・蓋茲（Bill Gates），大聲疾呼瘧蚊在非洲造成的危害，台下觀眾便看到一個全身布滿蚊子的小朋友，讓人萬分心痛。大畫面、有圖有真相、看圖說故事，就是全圖像投影片。

或許你心裡會有疑問：這種投影片的手法，適合用在專業主題的簡報上嗎？

不妨想像一下，當台上講者介紹到公司生產的半導體檢測儀器，畫面上立刻出現儀器的照片；當簡報者談到晶圓良率，畫面同步秀出晶圓照片與缺陷區域。如果講者討論的是電視晶片，就有完整的晶片架構及電路圖；如果演講主題是新興國家的投資，觀眾看到的不是國家名稱的文字，而是具代表性、充滿風土民情的照片。觀眾無須想像，直接就能看到「台上所說的」。這種視覺呈現很吸睛，也讓人對內容有具體的認識，因此成功的全圖像投影片是非常專業的。

製作圖像化投影片的關鍵是：將原本用文字呈現的內容重點，轉換成一張張的圖像。一旦將投影片定義為布景，而不是提詞機，你就不會用密密麻麻的文字去折磨觀眾，而是以豐富的畫面展開一場視覺饗宴。

製作全圖像投影片的訣竅

在製作全圖像投影片時，以下三點值得留意：

1.圖大一點更好

　　不要把圖片縮得很小，侷促地放在畫面中間或一角，旁邊還留了一片空白。可以將圖片放到最大，填滿一整張投影片（行話叫「滿版出血」），這樣的視覺效果會更好。當然，

Espresso

- 義式濃縮咖啡最早起源於義大利
- 使用9 倍大氣壓蒸汽高壓萃取
- 最佳的水溫為 90 度熱水
- 標準萃取時間為 27秒
- 每次僅萃取 30 cc 濃縮精華

純文字投影片

Espresso

- 義式濃縮咖啡
- 9 倍大氣壓蒸汽
- 90 度熱水
- 27秒萃取時間
- 30 cc 濃縮精華

調整1

原始圖片的解析度要夠，才不會放大後導致圖片模糊不清，
結果適得其反。

調整2

調整3

2.圖文適當結合

在圖片上適當放入大標題或關鍵字，畫面會更有重點。為了突顯圖片上的標題文字，可以考慮給文字襯上半透明的底色（例如黑色或紅色，透明度百分之四十）。這樣能讓標題文字清晰，並營造出畫面的一致性。

3.來源慎選

Google 是許多人搜尋圖片的主要來源，但請注意圖片的版權，Google 提供了不同授權形式的搜尋選項，方便有需要的人找到合適的圖片。也有人喜歡找免費圖庫，在網路上輸入「簡報免費圖庫」，可以找到一些圖源。

文字加上半透明底

其實，最好的圖片來源就是自己拍的照片，既沒有授權的問題，解析度也一定夠。只要拿起相機，就能拍出上台時會提到的產品、設備、儀器或相關畫面。自己拍照不會花太多時間，不過平時就要多拍、多蒐集，才不會相片用時方恨少啊！

若繼續探討圖片，還會延伸出許多視覺設計方面的細節，故暫且打住。總之，不用擔心自己缺乏這方面的素養，只要挑選到合適的圖片，再放大一點，加上關鍵字說明，甚至自己拍些好照片來運用，做到了這幾點，保證你的全圖像投影片能讓台下大為驚豔！

企業推薦

自律甚高，自省甚強的老師，啟發我們的不只是「技法」，而是返樸歸真，面對聽眾的究極「心法」。「心法」打醒了被華麗投影片迷惑的我們，再次反思上台簡報的初衷。

若是還無緣親臨課堂，本書記錄著老師修煉的每個過程。巨人不是一天養成，但是跟隨巨人的無私分享，相信也有修煉成功的一天。

——國際藥廠業務暨訓練副理　鄭子銘

3-5 什麼是大字流投影片？

字體大、數量多、速度快

以下文出現的投影片為例，背景是單純的黑底或白底，只在中間出現一至兩行大大的關鍵字，搭配講者剛好談到的內容。沒錯！這就是目前十分流行的投影片——大字流。

字看不清楚？別開玩笑了！

國際上經常可以看到很多精彩的簡報或演講投影片，混搭了大字流的手法，例如微軟創辦人比爾・蓋茲在一場呼籲縮減碳排放的演講中，當他談到具體的方法時，投影片畫面就出現了一行簡潔有力的公式：$CO_2 = P \times S \times E \times C$（即「碳排放＝人口 × 服務 × 平均能源 × 單位排放」），大大的一行字，緊緊抓住觀眾的視覺焦點。在接下來的演講中比爾・蓋茲也不斷重複這行字，並且依照公式的順序逐段說明。

還有一個例子是 TED 講者丹・巴洛塔（Dan Pallotta），他在「我們對慈善的看法完全錯誤」的知名演講中，談到某

一場為愛滋病募款的活動，為了突顯活動成效，「9 年」、「182,000 參與者」、「35 萬經費」、「554 倍回收」等，分別出現在單一的投影片上，配合上他流暢的說明，大大加深觀眾的印象。

蘋果的創辦人賈伯斯更是大字流的愛好者，除了前面提到的例子（參見 3-3），他也經常會在簡報的尾聲安排一張只寫著「One more thing...」的投影片，彷彿是回應觀眾的「安可曲」，也像是結束前的預告與重點提醒。這些都是大字流投影片的經典範例。

跑得快，換得多

大字流還有其他不同的名稱，日本 Ruby 協會會長高橋征義先生，就稱其為「高橋流」，並撰寫了一本相關介紹書籍，名為《高橋流簡報術》。他除了在投影片中選擇大大的字體，還會採用快速的投影片節奏，大概每三至五秒切換一張，造成類似廣告影片的效果。

此外，美國史丹佛大學的勞倫斯·萊斯格（Lawrence Lessig）教授，同樣擅長大字體與快速切換的投影片風格，且會在中間插入一些圖片或照片作為輔助。他曾多次登上 TED 的講台，也有人稱這種做法為「萊斯格流」。從上述實例中可以看到，大字流不只有巨大字體的投影片，還要配合快速

的切換節奏，因此投影片的數量會很多。換句話說，若要以大字流的投影片完成上台的任務，需要非常大量的事前演練。雖然投影片只呈現幾個大字，但在這看似簡單的表現形式背後，其實蘊藏了很不簡單的工夫。

```
Espresso
• 義式濃縮咖啡最早起源於義大利
• 使用9 倍大氣壓蒸汽高壓萃取
• 最佳的水溫為 90 度熱水
• 標準萃取時間為 27秒
• 每次僅萃取 30 cc 濃縮精華
```

原始投影片

大字流作法：重點分成多張投影片，快速切換。

大字流投影片的應用

　　若想在專業簡報或上台的場合中應用大字流投影片，建議以下三種情境可以優先考量：

1.用來強調重點

　　對於想要特別強調的重點，想要讓觀眾加深印象的地方，都可以運用大字流。譬如當我在演講中談到上台簡報的目的時，畫面就是「說服觀眾」四個大字，台下聽到口語的說明，即時配合投影片巨大的關鍵字，帶給觀眾視覺上的衝擊，加

我在演講時使用大字流的場景。

深了台上的說服力。又譬如談到公司採用最先進的技術，畫面可以單純只是「創新」二字，讓巨大的字體補充口語的力道。又如前面提到丹·巴洛塔的募款活動，「182,000 參與者」的熱烈迴響，一張大而簡潔的大字流投影片立刻呈現出活動的成功。

2.用來切割流程

以大字流投影片作為流程的切割，也是一種很巧妙的手法（參見 3-9）。譬如我在談簡報的三階段修煉時，有三張投影片分別寫著「階段一」、「階段二」、「階段三」，讓觀眾知道談到什麼地方了。丹·巴洛塔在 TED 的演講中，每一個重點段落也都用一張大字流作出區隔，表示上一段落的結束以及下一段落的開始，例如「No.1 COMPENSATION」「No.2 ADVERTISING & MARKETING」……，藉此讓觀眾掌握說明的進度。

3.用來呈現題目

有時講者會設計問題引發觀眾思考，並與台下進行交流，可能是一個互動問答或是小組討論。這時如果以大字流把題目清楚展示在投影片上，能讓觀眾不只聽到，同時也看到提問。要知道，如果對於問題沒有清楚的描述，台上是無法期

待觀眾去思考或討論的。

另外，有時可利用全白或全黑的投影片，拋出一個關鍵字或短句，集中台下的注意力並刺激觀眾自行思考，略停頓片刻之後講者再繼續下一個段落。這種不著痕跡的「留白」有時可製造出絕佳的上台效果！

風格是一種選擇

大字流也是一種特別的投影片風格，千萬不要誤用它。別以為只要把字打上去、放很大、選一下字型（一般都用黑體），就萬事俱備了。抱持這種觀念，誤會可大了，因為挑出真正的關鍵字切合上台談的內容重點，才是對功力的考驗。如果只是把大字流當成提詞稿，把投影片視為大抄，就完全失去大字流的意義了。

投影片是輔助工具，不同的風格就像不同工具的選擇。幕後的關鍵還是「你」！站在台上，有效說服台下每位觀眾，讓大家有所收穫，這才是各種投影片風格真正的作用！

3-6 什麼是半圖半文字投影片？

圖文平衡，適於說明規格與功能

　　全圖像投影片看起來很有質感，視覺上也具衝擊力，不過在台上談到專業主題時，往往還是會需要條列式的說明文字，例如談到功能、特色、規格、注意事項等。這時建議採用圖文搭配的半圖半文字投影片。

雙管齊下，相輔相成

　　半圖半文字是指將投影片分成左右二大部分，一邊是圖像，一邊是條列式的重點文字，兩邊相互搭配。例如當年蘋果正式發布 iPad 2，賈伯斯在台上介紹到祕密武器 A5 處理器時，投影片一秀出來，左邊就是一張 A5 處理器晶片的實體照片，而右邊依序條列「雙核心」、「CPU 2 倍快」、「9 倍圖形運算速度」等五大特點。另一次，賈伯斯在描述 iPhone 4 螢幕的規格時，左邊出現一張 iPhone 4 的照片，右邊則逐一跑出「3.5 吋螢幕」、「960 × 640 像素」、「800：1 對比率」

等文字。半圖半文字的投影片風格，很適合運用在類似規格或功能特色的說明上。

再舉個實例。由於我個人酷愛義式濃縮咖啡 Espresso，閒暇之餘經常在家沖煮，並邀好友前來品嚐，幾年下來累積了一點心得。如果未來有機會上台介紹濃縮咖啡產品的特點，半圖半文字投影片會是我的首選。將一杯冒著紅棕色泡沫、香氣輕飄的 Espresso 照片擺在投影片左側，右側則逐條出現製作方法的關鍵字，如「9 倍大氣壓萃取」、「90 度熱水」、「27 秒萃取時間」、「30cc 濃縮精華」等，相信觀眾不僅能吸收到重要資訊，畫面也會勾出對這杯飲品的美好想望。

由於半圖半文字投影片整合「圖像型」投影片的視覺輔助，以及「文字型」投影片的資訊說明，應用的範圍非常廣泛。例如，在介紹新興市場基金時，投影片左邊可以放新興市場國家照片，右邊則逐一列出「成長性高」、「市場動能大」、「高報酬高風險」等關鍵資訊。又或者運用在電腦防毒產品的介紹上，投影片左側逐一顯示「雲端防護」、「主動截毒」、「智慧偵測」、「更新迅速」等產品功能，搭配講到才出現的動態效果，右側則放上產品包裝的圖片，幫助講者確切傳達資訊，且不會流於枯燥乏味。這都是半圖半文字投影片靈活的實務應用。

原始投影片

半圖半文字

製作半圖半文字投影片的訣竅

　　這種投影片的製作主要是將條列式文字與圖片，平均安排在畫面上。不過若想應用得當並充分發揮效果，有四件事情要注意：

1.講到才出現

　　若想要發揮半圖半文字投影片的效果,必須掌控條列式文字出現的時間點。在台上,你要逐條說明,等講到才秀出該條文字,讓觀眾跟上你說明的節奏,這樣有助於立即吸收。

　　有時講者沒有掌握好這項關鍵,畫面一次出現太多資訊,甚至讓條列式文字全部一次出現,導致觀眾抓不到重點。當然,若想達到「講到才出現」的流暢境界,事前必須花些時間演練,直到很熟練為止。

2.重點要濃縮

　　既然是條列式的重點,就要控制好數量,不能貪多放一大堆,反而沒有重點。最好將重點控制在七個以內,若能少於五個更佳。以關鍵字描述,不要換行,字體不妨放大一點。

3.圖文要搭配

　　圖片要符合條列式重點的內容。例如談到儀器設備,可以配上儀器操作場景的照片;談到勞工安全,可以搭配現場作業的影像;談到軟體開發,可以截取螢幕執行的畫面。圖片的位置左右皆可,但最好占畫面的一半,不要小小地縮在某一角。圖文占的版面比例要平均(1:1),整體才會顯得大方,在視覺上產生美感。

4.底色要單純

　　製作半圖半文字投影片時，建議投影片的背景顏色要單純，純黑或純白都是不錯的選擇，能讓視覺聚焦在圖片與條列式文字上。不要再添加無意義的布景或裝飾，反而會造成干擾。

　　半圖半文字投影片簡單好用，常見於企業簡報或訓練課程，也適合演講中的重點提示與歸納。記得每個重點必須配合說明的時點出現，文字要加以濃縮，搭配適當的圖片，再加上單純底色的襯托，相信你的半圖半文字投影片一定是漂亮又有型！

3-7 投影片越好，理解速度越快

投影片優劣的評估標準

經常有人問我：「什麼是好的投影片？」圖片越多越好？文字越少越好？有沒有一個評估的標準？

這個問題困擾不少人，如果說有圖片就是好，似乎無法解釋為什麼有些人會採用大字流（高橋流）。如果說文字越少越好，也不太能說明為什麼賈伯斯經常採用半圖半文字，仍然會有條列式的文字說明。到底要如何判斷投影片的優劣？

投影片這麼做就對了

如果要談投影片，從視覺、配色、字型、圖文比例、動畫……，還有很多細節值得討論。儘管如此，有沒有一個核心指標可以快速判斷投影片的優劣，未來也能據此製作出優質的投影片。

在分析過上千份投影片案例後，我得出一個簡單的結論：「投影片越好，理解速度越快。」

文字型或圖像型投影片是風格上的選擇。如果採用全圖像投影片，卻無法讓觀眾理解用意，不算是好的投影片。同樣的，若選擇了大字流，卻讓張數爆增而必須高速切換，導致觀眾理解疲乏，這樣的投影片也是不合格的。因此判斷的標準不在於使用了圖片或文字，在於所製作的投影片能否讓觀眾易於理解傳達的內容，理解的速度越快，表示你的投影片越好！

投影片一覽表

以下的一覽表分析了各種投影片的特點與（潛在）缺點，傾向文字化或圖像化，並比較了觀眾的「理解速度」，有助於日後評估自己的投影片是否真的夠好，還有哪些改進的空間。

企業推薦

要改變世界也許不容易，但先改造自己絕對是可行的。我有幸聽過福哥的課程，佩服他鑽研簡報與溝通傳達的精湛技巧，也很欣賞他對於各項細節的充分準備與掌握。

坊間的簡報教學書籍汗牛充棟，但福哥的著作是我不願錯過的一本。欣聞福哥的新書《上台的技術》即將出版，誠摯推薦給各位朋友。

——臺灣電子商務創業聯誼會理事長　鄭緯筌

投影片類型	特點	（潛在）缺點	文字化	圖像化	理解速度	改進策略
文字型		・文字量大，沒有重點 ・閱讀費時，不知從何開始 ・無視覺吸引力	○		・理解速度慢，絕對不是好的投影片	・刪減文字 ・抓出關鍵字 ・分段呈現，並編號 ・加入視覺化圖片，以圖像輔助理解

Espresso

- 義式濃縮咖啡最早起源於義大利
- 使用9 倍大氣壓蒸汽高壓萃取
- 最佳的水溫為 90 度熱水
- 標準萃取時間為 27秒
- 每次僅萃取 30 cc 濃縮精華

純文字投影片

投影片類型	特點	（潛在）缺點	文字化	圖像化	理解速度	改進策略
全圖像	・滿版出血的大圖片 ・背景單純 ・沒有標題，必要時才有極少文字說明 ・一看就懂，不必猜測 ・有視覺吸引力 ・近年來蔚為風潮	・若圖片不符合內容，或是太隱晦、哏埋太深，則不易理解		○	・理解速度加快	・不是有圖就是好的投影片，重點在於要能增進理解 ・慎選符合內容的圖片 ・圖片加工，如將關鍵字襯上半透明底色，更能突顯

全圖像投影片

投影片類型	特點	（潛在）缺點	文字化	圖像化	理解速度	改進策略
大字流（高橋流）	・字體很大 ・只用關鍵字 ・一頁一重點 ・觀眾一面聽到內容，一面看到關鍵字	・若投影片張數過多，高速切換，易導致理解疲乏 ・若從頭到尾都是大字流，易顯單調	○		・理解速度快	・強調重點，不宜頻繁或大量運用 ・搭配其他風格的投影片 ・適合作為區隔段落或流程的投影片

3x Espresso

大字流投影片

投影片類型	特點	（潛在）缺點	文字化	圖像化	理解速度	改進策略
半圖半文字	・左右二邊，一邊放大圖，另一邊放條列式文字 ・圖文比例均衡 ・適用於比較多的資訊傳達	・若圖與文不搭，將失去輔助作用 ・若條列式文字過多，增加閱讀時間	○	○	・理解速度快	・圖文要配合，重點是增進理解，並非圖片本身 ・慎選適當圖片 ・設定簡單出現的動畫，配合說明節奏，一次只出現一行條列式文字，講到才出現 ・條列式文字為關鍵字，一行一個，最好少於五行

半圖半文字投影片

投影片類型	特點	（潛在）缺點	文字化	圖像化	理解速度	改進策略
表格或圖表	・有視覺吸引力 ・具高度說明功能的圖解	・表格密密麻麻、資料複雜、柱狀圖太擠或圖說文字太小，都阻礙理解 ・沒有重點的表格或圖表會成為觀眾的夢魘	○	○	・理解速度快	・簡化與減化，只留重點 ・適當加工，直接標示重點，如以箭頭表示特定的發展趨勢，以顏色或線條突顯重要訊息 ・設定簡單出現的動畫，配合說明的順序，講到才秀出

Espresso 沖泡流程

 磨粉 ➡ 填壓 ➡ 萃取

| 精細研磨
顆粒小 | 專用填壓器
適度壓實 | 9大氣壓
27秒
30cc |

圖表流程投影片

萬變不離其宗

透過以上的比較分析可以發現：好的投影片不限於一種形式，不管是全圖像、大字流或是半圖半文字，只要能幫助觀眾快速理解就是好的。反之，如果沒有顧慮到台下「理解的速度」，即使用了花俏的圖像、很炫的效果，也不可能成為好的投影片。這個標準同樣適用於表格與圖表。

製作投影片的手法千變萬化，核心關鍵只有一個：幫助觀眾快速理解。「投影片越好，理解速度越快」，掌握此原則便能做出優秀的投影片。當台上所傳達的內容切中台下的需求，而投影片的輔助讓觀眾能充分且快速理解，再配合其他上台的技巧吸引住觀眾的目光，你上台的任務已成功了一大半！

3-8 要製作多少張投影片才夠？

觀眾的焦點在講者還是投影片上？

　　經常有人問我：「十分鐘的上台簡報，要做幾張投影片？」關於這個問題，我聽過各種不同的答案，有人說十張、二十張，也有人認為三張就夠了，甚至有人回答：「一張都不要用！讓觀眾的焦點集中在你身上。」每種說法都有其依據，似乎也言之有理。那麼到底要準備多少張才夠？有什麼參考標準嗎？

　　其實，投影片的張數並沒有固定標準，要準備多少張投影片，主要取決於你想給觀眾怎樣的視覺印象，以及時間上是如何分配的。若以投影片出現的速度來區分，大致可分為慢節奏、中節奏與快節奏。透過以下實例，來看看三種節奏的進行方式以及投影片數量的安排。

慢節奏投影片

　　每一分鐘投影片少於一張，例如十分鐘只準備三至五張，

一張一張慢慢地播放。這種進行方式的重點不在投影片，而在台上講者的詳細說明。極端的例子就是知名的 TED 講者羅賓森爵士（Sir Ken Robinson），他上台談學習革命時連一張投影片都沒有，他不依靠任何「道具」，只靠自己一人獨撐場面。多年前，美國管理學家，《第五項修練》（The Fifth Discipline）的作者彼得・聖吉（Peter Senge）來台演講時，我有機會親臨現場，我注意到整場 90 分鐘的演講中，台上只出現三張投影片而已。又近年來，雲端技術是個熱門話題，首任科技部張善政先生曾在 TED 上討論台灣雲端計算的迷思與挑戰，在九分鐘的演講中出現四張投影片，平均每兩分鐘十五秒才切換一張。

投影片的數量越少時，講者在台上的表現就要越有魅力。在這種情況下，投影片已不大具有視覺輔助的效果。觀眾的注意力大多在講者身上，講者以卓越的表達能力成為台下目光的焦點。在「大師」講座或演講課程中，主題豐富，視覺輔助比較少，常可見到這種投影片節奏。

中節奏投影片

大約一分鐘一張投影片，十分鐘即十張，以平穩的速度前進。比爾・蓋茲在 TED 談「退而不休」時，有一段關於瘧疾防治的討論便是標準示範。他大約一分鐘播放一張投影片，

沒有冗長的文字，以圖片與簡單的統計表為主。其中一張蚊子布滿孩童整隻手的照片，讓人看一眼就留下深刻的印象。另外像是神經解剖學家吉兒‧泰勒（Dr. Jill Taylor），她在TED侃侃而談自己中風的經驗，大約是每分鐘一張投影片。泰勒以親身經驗為例，深入淺出的解說，搭配上她豐富的肢體語言，以及對科學研究的熱情，讓台下完全沉浸於她的分享中，並對腦中的兩個世界有了嶄新且深刻的認識。

當投影片張數變多時，觀眾的目光有時停留在投影片上，有時在講者身上。這時好的投影片可以輔助理解與吸收（一頁一重點、有圖有真相），讓觀眾不只聽到，同時也看到了訊息。當然，如果投影片塞滿一大堆文字，它的效果就不是輔助，而是干擾了。

快節奏投影片

一分鐘出現二至三張投影片，十分鐘可能介於20至30張，這算是比較進階的做法，例如賈伯斯在每一次的產品發表會上，就透過視覺化與極簡化的畫面，讓觀眾一看就懂，把快節奏投影片發揮得淋漓盡致。美國前副總統高爾在「不願面對的真相」演講中，投影片播放的速度也是快的，講到什麼內容就出現什麼畫面，讓觀眾無須想像，馬上得到視覺上的佐證。此外，《紫牛》（*Purple Cow*）的作者賽斯‧高汀、

TED 總監克里斯・安德森（Chris Anderson）等人，也都是操作快節奏投影片的佼佼者。

快節奏投影片的要求很高，不僅要製作出賞心悅目的畫面，講者也必須做好充足的準備，記下大量的投影片內容。熟記的程度要到不用回頭看，也知道下一張出現的投影片是什麼，快速的切換彷彿是自動播送一般。唯有當你對每一張投影片瞭若指掌，才有辦法讓觀眾忘記投影片，把焦點集中在最重要的地方，也就是「你」的身上。回想一下賈伯斯上台的畫面，你看到的是投影片，還是他呢？

除了慢、中、快三種節奏的投影片，還有極快的做法，例如前面提到的高橋流會以每五秒一張，一分鐘超過十張的速度播放，讓觀眾宛如看在廣告。不過，極快的速度有其缺點，看久了會讓人有些視覺疲乏。這算是比較特殊的技法，若遇到適當機會不妨試一試。

關於張數的標準

認識了上述四種投影片的節奏後，你覺得一場十分鐘的簡報需要製作幾張投影片呢？

關於這個問題並沒有標準答案。如果投影片切換的速度是慢的，觀眾的目光會停留在你身上，因此你的表現（口語表達、說故事技巧、肢體語言），決定了台上的效果。相反的，

如果投影片切換的速度是快的，觀眾的目光會較集中在投影片上，因此製作投影片的能力（視覺化、一頁一重點）就成為重要的因素。以當今國際上受歡迎的演講來看，例如 TED 或蘋果式的做法，大約是 30 秒切換一張，節奏很明快，但不會快到令人目不暇給，觀眾的目光在簡報者與投影片之間穿梭，聽覺與視覺雙管齊下。這是一般專業講者上台時偏好的投影片節奏。

最近幾年我上台演講經常採用快節奏投影片，大約 20 至 30 秒切換一張。30 分鐘的簡報，曾經準備了近百張投影片；90 分鐘的演講，也製作過 174 張投影片。一如之前再三強調的，我在整個過程中完全不回頭看投影片或螢幕，並能流暢地說明每一張的內容。簡報大師賈爾・雷諾茲（Garr Reyolds）與南西・杜爾特（Nancy Duarte），他們在 TED 大會的講台上也採取這種做法，這兩位是我多年來觀摩學習的對象。

其實若回到上台的核心，投影片從來都不是最重要的。關鍵是你能不能讓觀眾覺得一切都很自然，一邊看著你，一邊看著投影片在對的時間點出現，順暢理解台上談的主題與訴求，這些無關乎投影片數量的多寡，而是上台前你做了多少準備，那絕對比投影片的數量更值得費心。

3-9 什麼是流程投影片？

好結構有助於記憶與理解

　　上台前的準備，並不是從第一個字、第一句話準備到最後一句話、最後一個字。通常會先抓出幾個訴求重點，並由此建立起架構大綱，然後根據條理分明的骨架，陸續增添有血有肉的內容。這樣有兩大好處，一方面讓你在準備時，心中有譜，不至於陷入繁瑣細節中，顧此失彼；另一方面，上台前你能有清楚的內容架構，不僅容易記憶，上台時也能依照流程進行，掌握全局。

標準應用案例

　　因此，上台若有播放投影片的話，投影片的設計就該反映出內容架構，讓它成為你在台上說明、觀眾在台下理解的輔助道具。做法很簡單，一開始先有「大綱投影片」，介紹整體架構，過程中則安插「流程投影片」，區隔每一個段落。

　　舉實例來說：Peter 即將上台向廠長做簡報，主題是「如

何提升交期準確率」。準備時，他先運用便利貼法來構思，整理自己千頭萬緒的想法，然後從洋洋灑灑的便利貼中抓出四大重點：背景說明、問題分析、對策擬定、可行性評估。報告一開始時，他會用「大綱投影片」秀出這四大重點段落，等來到每一段重點前，他還會以一張大字流投影片，顯示該段落的名稱，讓觀眾知道流程走到哪裡了。例如在「背景說明」的段落結束後，他會先秀出一張「問題分析」的大字流投影片，畫面上就只有這一行字在中間，讓台下意識到，接下來談的都是關於問題分析的細節。這樣的做法讓 Peter 的報告有條有理，獲得廠長與各級主管的肯定。

你也學得會的大師級手法

以上是大綱與流程投影片的標準應用。行動主義者與籌款家丹·巴洛塔在扭轉世人對慈善組織的看法的演講中，提出五個常見的誤解，包括「不求回報」、「不花錢做宣傳與廣告」、「無須創新以提高收益」……。他用了大字流的手法，以編號加文字切割出這五個重點段落，讓演講的架構清楚，流程分明。另外，《簡報藝術 2.0》（*Presentation Zen*，又譯《簡報禪》）一書的作者賈爾·雷諾茲常用的做法是，將流程區分成三大部分，以圖片加上文字製作三個視覺 Icon，當談到某個重點時，就點亮那個視覺圖像或 Icon。這種流程投影片

的做法也相當吸睛。

流程投影片有許多不同的名稱，有人叫它「緩衝投影片」、「目錄投影片」、「結構投影片」等。呈現的形式也有很多種，像是：

1. **流程大綱 Agenda 式**：在流程段落切換時，再次出現Agenda，然後講到某一個流程段落，就把該流程段落用不同顏色來區隔。

2. **大字流式**：在流程段落跟流程段落之間，用一張簡單的大字流投影片區隔，投影片上顯示接下來流程段落的名稱。用這種方法來區隔不同的流程段落。

3. **方塊堆疊或圓餅圖**：以顏色方塊加文字，或是把圓餅圖切三至五等份，用來呈現不同流程段落的進行。例如提升品質管理的 PDCA 說明，每次只出現四分之一圓的重點，以此相互區隔。

4. **圖像法**：把每個流程內容，用一個圖像或照片來代替。觀眾只要看到這個圖像，就知道接下來要講什麼內容段落了。

投影片　　案例　　秘訣

我實際使用的流程
投影片：這場簡報
有三大流程段落。

投影片　　案例　　秘訣

這是講到第二個流
程段落的樣子。

簡單的流程投影
片，告訴觀眾接下
來有三大部分。

入門版

進階版

終極版

入門版

進階版

終極版

準備談第一個部分。

　　當然，除了上述形式，還有最簡單的直接以數字 1、2、3……，作為流程段落的標示，這在賈伯斯的簡報中經常可以看到。

　　無論採用哪一種做法，簡單明瞭即可，千萬不要讓人眼花撩亂，反而失去流程區隔的作用。此外，當台上出現流程投影片的時候，講者應該略加停頓，並說出流程段落的關鍵字眼，這樣才有提示的效果，也讓台下「喘口氣」，期待接下來的內容。我常看到很多人雖然作了流程投影片，卻快速跳過去，這樣段落切換的效果就沒那麼分明了。

記憶，從流程開始

　　流程投影片不僅能幫助觀眾有系統地理解內容，同樣也可以幫助講者有系統地做好上台前的準備。很多人覺得把投影片的次序記下來是一件很難的事。其實不然，你可以先記住流程大綱，也就是記住流程投影片的順序，因為數量少，所以很容易記下來。等到熟悉後，再進一步記憶每一個流程段落下的內容（詳細步驟參見 4-2）。透過這樣從粗到精的記憶過程，就能輕鬆掌握流程，還可以針對各個段落，設定時間的檢查點，精準控制整體上台的時間。

　　善用流程投影片，可以讓簡報或演講的結構清晰、段落分明，有助於你上台前的準備與記憶，並使你的內容呈現更結構化，也更容易幫助觀眾吸收，你的表現當然會更精彩囉！

企業推薦

　　工作中經常要處理複雜的工程分析，並撰寫專業評估報告。過去經常聽到令人心裡難受的批評：「你的簡報太專業我聽不懂啦！請麻煩簡單點好嗎？」

　　福哥長年鑽研運用有系統、有效率的學習和演練。此番費盡心血，彙整實務的上台技術，相信可以幫助你我跨越溝通鴻溝，提升說服力。

——中興工程顧問社防災科技研究中心副主任、

台灣防災產業協會祕書長　鄭錦桐

　　這完全是一本貼近華人世界，真實呈現我們生活與職場的上台工具書！

　　不管你是什麼領域，只要有表達的需求，只要必須說明給人家聽、說服對方認同你，舞台無所不在，對象形形色色，這就是上台！

　　若你只有時間看一本書，若你只能買一本書，《上台的技術》是你最好的選擇！

——國鼎旅行社有限公司行銷總監　簡恆德

4

練習、勘場、上場前

4-1 什麼是正確的事前準備？

別搞錯重點，浪費了時間與力氣

不曉得你有沒有類似的經驗，明明花了很多時間構思內容、製作投影片，等到真正上台之後，卻表現得完全不如預期，不是說得結結巴巴，就是辛苦準備的豐富內容根本講不完。關於上台這件事，你有「一分耕耘，得不到一分收穫」的感嘆嗎？

用心準備卻事與願違

Andrew 就有這種慘痛的經驗。他為了公司半年一度的RD（技術研發）簡報比賽，花了好幾個星期整理新產品研發的資料。他打算藉由這次的比賽，呈現部門近期的工作成果，讓上司與同仁們印象深刻，肯定他們團隊這段時間的努力。Andrew 熬夜好幾個晚上，終於製作出自己滿意的投影片。他胸有成竹，心想這樣上台一定沒有問題。

沒想到上台後看到台下的主管們，他一緊張，只覺得腦袋

一片空白，不僅不敢與觀眾有眼神接觸，說起話來也頻頻吃螺絲，只能緊盯著一張張的投影片照著念，才總算穩定下來。然而當時間快到時，他赫然發現還剩下三分之一的投影片來不及說，慌亂中只好草草結束，結果當然是不理想。「我真的很努力準備，但是一上台就全部亂掉了。」他語帶不甘地說：「我投入這麼多的時間與心力，為什麼都沒有效果？」

這是在國內某頂尖企業內訓時，學員 Andrew 問我的問題。

找出癥結所在

為了讓各部門有機會觀摩工作成果並相互交流，該企業每年固定在四月與十月舉辦簡報大賽。大家除了想拿到好成績，更希望讓自己部門的努力得到肯定。因此人人卯足全力，想為團隊爭光。Andrew 覺得花了這麼多時間準備，卻沒有達到預期的目標，甚至還有一大段距離，心中十分不解。下課後他找我討論，想知道問題的癥結。

「你事前演練了幾次？」這是我最想問的。Andrew 摸摸頭，有點不好意思地說：「因為花了太多時間整理資料與製作投影片，所以只是前一天把資料記了一下，沒有什麼時間演練⋯⋯」

「可是，我已經很認真準備了。」Andrew 再次強調。看到他展示的投影片，不用他說我也知道，那可是要花很多心

思才做得出來的。也就是因為這樣，事前演練更加重要啊！如果沒有事前練習，很多狀況將無法預估，像是流程安排的合理性、投影片的張數、時間的分配、口語表達的流暢度，甚至設備的使用及操作都要透過事前真實的演練，才能確保上台時順暢無誤。試想，如果整個過程中狀況頻頻，你要如何在台上展現說服力呢？

有效率的準備方式

遇到重要的上台場合，相信大多數的人都會預先準備（不用準備就能有優異表現的天才，暫且不在本書的討論範圍），問題是準備的方向對不對？有沒有搞錯重點？方法是否有效？如何節省時間，一步到位？除了製作投影片之外，還需要完成什麼？怎麼做才能夠克服緊張情緒？接下來的章節將介紹正確的事前準備，只要願意去做，一定會看到效果。

差點忘了 Andrew 的故事，半年後我再度看到他出現在內訓的課堂上，下課後他跟我打招呼，並說：「這次我又報名了技術簡報大賽，我還是很努力，」他緊接著補充：「不過不是努力製作投影片，而是找了一個同事事前狠狠地演練十幾次。」我好奇追問：「結果呢？」他看著我，帶著技術人員常有的靦腆笑容，緩緩拿出一張獎狀以及跟集團總裁的合影。

想知道上台有效率的準備方式嗎？請看下去就對了！

4-2 練習的祕訣（上）

不看稿、不背稿，記住流程是第一要務

在簡報的課程中，有時我會秀出一張練習時的照片——我穿著短褲背對螢幕，雙眼看著前方。螢幕上秀出的投影片，是我幾天後要上台分享的內容。旁邊坐著好友 Jack，正在幫我記錄每張投影片出現的時間點，桌上放著 iPhone 計時，也打開了 iPad 錄影。我沒回頭，完全不看螢幕，一邊按著簡報器，一邊大聲說話，還配合肢體動作，就像正式上台的樣子，只差沒穿著西裝。

這是照片上看到的故事，而看不到的是我跟 Jack 現場真實的對話，他搖搖頭說：「太爛了！這大概是我看過你最爛的演練表現，請重來！」雖然我心有不甘，但他說的是真話！其實不用他講，我自己也很不滿意，雖然已經花了很多時間準備，投影片也製作完成，但是真的要到演練時，才會發現問題在哪裡：我話說得卡卡的，開場也不順，投影片的節奏沒有跟上……簡直是一場災難！

然而沒關係，因為這不是正式的上台，只要在演練時發現問題，都還有機會修改得更好！於是我吐了口氣，調整一下自己，在腦中把投影片的順序再跑一遍，想一下怎麼說可以比較順暢，然後──重新開始！

真實的練習場景：看著前面不回頭，台下有好友、計時器、錄影。

「台下十年功」是怎麼練出來的？

這是我每一次上台前都會發生的真實情況。有句話說：「台上一分鐘，台下十年功。」我覺得描述得十分貼切，也正是問題所在。因為台下觀眾看得到「台上一分鐘」的優異表現，卻看不到「台下這十年功」是怎麼練出來的，所以即使有心想學，往往也不知道方法為何！

當然，「台下十年功」的方法因人而異，也千變萬化。

但若聚焦在事前練習這件事上，我從自己的實務經驗中歸納出以下幾點祕訣，它們已通過無數次上台的嚴格考驗，證明是有具體實效的，在此與你分享，希望對你下一次的上台有幫助。

祕訣一：記住投影片順序

不論是簡報、上課或演練，上台時我大多準備了投影片。因此在準備的第一階段，我會把每一張投影片的順序記起來。是的！每一張投影片的順序。

請不要覺得驚訝，也不要認為不可能。回想一下賈伯斯上台的畫面，他有回頭看投影片嗎？你可能會反駁：「那是因為台下有同步螢幕啊！」如果你以為他是仰賴同步螢幕才能說得如此流暢的話，不妨再看清楚一點，賈伯斯的說明非常自然，投影片都會在剛好的時間點出現，很少需要等待（他手上拿著簡報器自己切換）。要有這樣的表現，一定得把投影片的順序全記住才有可能，如果盯著同步螢幕，看到下一張投影片才做切換，絕對不可能營造出這種效果。

其實，記住每一張投影片的順序並不如想像中的難，方法是：先記住段落，再記住細節。一開始，將所有的投影片區分為幾個的大段落（參見 3-9），這時你會發現，每個段落就只有幾張投影片。以一般常見的 20 至 30 張投影片為例，

若區分為開場、重點一二三、結尾。差不多每一段落僅四至五張。一次要記住 30 張很不容易，但是先記得開場、結尾以及三大重點，然後再去記每一段落的四至五張投影片，相較之下就容易得多了。運用這種分段記憶的方法，我曾經記住大約 180 張投影片，在整場演講中完全不用回頭看！

或許還是有人說：「這太難了啦！」「把投影片順序背下來！真的假的？」「都沒時間準備了，哪還有時間這樣演練！」「我又不是賈伯斯……，背書的功力一向很差，這要花多少時間啊？我不行啦！」

如果我說這種練功的方法很簡單，那就太騙人了，但是它們絕對沒有你想像的那樣困難。因為在我的學員中，我已見證了無數次成功的例子，儘管每個人都不相信自己能記下所有投影片的順序，然而結果是：人人都做到了！而且並不需要花很多時間。

每一次在簡報或講師內訓的課程中，我都會要求學員現場上台演練，並且不能回頭看投影片或手上的小抄。學員只有很短的時間可以準備，在下課休息時間演練兩到三次後，馬上就要上台驗收。投影片少則十幾張，多則二十幾張，這是非常有挑戰性的！當然，剛開始人人叫苦連天。

但是令人驚訝的是，就在這樣高度的時間壓力下，八成以上的學員都能達到要求，不用看投影片就順利地說出來，

即使有時忘了小部分內容，只需回頭一兩次，還是能完整地記憶下來。這是我過去幾年在不同公司、不同行業領域、不同年齡的學員中，近千場次所觀察到的現象。真的！每個人都做得到。

無關口才，只要你願意……

這跟口才與經驗無關，只跟投入的意願有關。相信我，只要你願意花一點時間，用正確的方法準備（包括內容流程的規劃、架構大綱的設計、投影片的製作）與練習（分段記憶、事前演練），你會驚喜地發現自己原來也是非常有潛力的！

當然，真正上台時並不是完全不能看投影片，還有一些小祕訣可以幫助你掌握投影片的節奏。下一節會有更詳細的說明。

4-3 練習的祕訣（下）

大聲說出來，精準掌控時間，請朋友給予回饋

　　關於上台的事前練習，上一節介紹了「祕訣一：記住投影片順序」，而這一節要繼續談談另外三項祕訣。

祕訣二：演練時大聲說出來

　　記住投影片之後，接下來是最重要的部分：實際演練！你會發現記憶是一回事，實際說出來又是另一回事。剛開始一定會卡卡的，別擔心，這是正常的，也是事前演練的價值，因為在正式上場前，怎麼修改都可以，可以一直修到順暢為止。

　　請記得，演練時要真正大聲地說出來，就像演員在排練一樣，不是在心中默練就好了，一定要開口說出來。千萬別背稿，而是記住投影片的順序，然後配合著把話說出來。也許每一次演練所說的話都不盡相同，別擔心，只要說得流暢就好。一次次地練習，你會發現自己說得越來越順。

在練習時千萬要忍住，不要回頭看投影片，而是在不看投影片的狀況下進行切換，你可以隔幾張投影片再回頭確認，看看投影片是否能跟上腦海中的畫面。有時候會發現兩者一直對不上，就可以考慮直接修改投影片的順序，或是進行增減，讓它配合上你說話的節奏。演練就是調整投影片的最佳時機。

當順序調整好也熟悉了之後，除了說出來的模擬演練，還可以做「心理預演」（Mental Rehearsal），也就是不發聲的練習。我經常利用搭高鐵的時間開啟投影片檔案，但轉頭望向窗外並想像著我正在台上說話，同時用手切換筆電中的投影片，隔一陣子才看一下螢幕，核對畫面的順序是否正確。這個方法非常簡便而有效，但先決條件是：你至少要有三到五次說出來的真實演練，而且是真正大聲地說出來，然後再做心理預演，這樣才能確保效果。

祕訣三：控制好時間

時間是上台最重要的資源，同時也是一種限制。再好的內容，如果沒有時間講完也是枉然。曾有知名企業主管帶著八十張投影片來找我，那是公司內部十分鐘簡報比賽的內容。我請他先在我面前試講一次，十分鐘一到，他連一半都還沒完成，尤其最後兩分鐘就是趕趕趕，我完全抓不到重點何

在。這就是事前沒有演練的結果，時間的掌控完全在狀況外。

演練的時候，我建議最好打開計時器，以確認每個段落的時間分配是否恰當。第一次演練時，大部分的人會有超時的問題，時間到了還講不完。這時要思考一下，哪些部分談得太多應該刪除，哪些部分還可以講得更深入。重新檢驗每個段落內容與時間的配置，然後再次演練、確認與調整。

如果你上台的形式屬於時間較長的課程或演講，可以設定幾個重要的檢查點，譬如每三十分鐘或每一個小時，大概要進行到什麼段落，好讓自己知道時間運用的真實狀況。我個人的經驗是，上台的時間越短，越難精準控制，事前也就需要更充分的演練。如果上台的時間夠長，比較能有餘裕去反應並且調整。但無論上台的時間長短，事前演練都能幫助你控制好時間，正式上場時更平穩且有信心。

接續上述例子，那位主管第一次演練沒講完，第二次演練反而講得過快。後來經過一番調整，也刪去一些投影片之後，第三次就改善許多。再經過許多次事前的練習，正式上台時他順利地完成簡報，獲得公司簡報比賽的好成績。很顯然，事前的演練與計時發揮了效果。

祕訣四：請朋友給予回饋

自己練習往往有盲點，不容易看出問題。如果可以的話，

最好找位好朋友當觀眾，聽一聽你的演練並給予回饋。只要
交情夠好，可以請對方以一般觀眾的角度出發，說說看哪些
地方你講得不錯，哪些地方還能夠改進。透過旁觀者的角度，
你能得到意想不到的啟發。

　　其實除了請朋友提供意見，在演練的過程中，你自己也
會清楚感受到哪些地方不妥。每次在我講給朋友聽時，常會
發現一些之前沒有注意到的問題，讓我慶幸及早發現，否則
等到上台才發現一切就來不及了。

運用四祕訣，練好上台功

　　上台前，切實運用事前演練的四個祕訣：記住投影片順
序、演練時大聲說出來、控制好時間、請朋友給予回饋，這
些準備工作其實是要下點工夫的。如同我們看到台上發光發
熱的明星，台下必定經歷過種種我們沒看到的苦練。《賈伯
斯傳》中曾提到，賈伯斯會花好幾個月的時間思考上台的內
容，親自指導投影片的製作，然後在老婆面前發了瘋似地演
練，務必練到精準掌握每一個細節為止。這裡只是描述「台
下十年功」大致的練功過程，想要有「台上一分鐘」的精彩
呈現，那麼請不要遲疑，馬上開始吧！

4-4 事前勘查場地的重要性

場地是圓還是方？投影機在哪裡？麥克風靈光嗎？

　　奇幻文學經典著作《魔戒》的譯者暨「宅神」朱學恆先生，過去幾年深入全台各地的校園，舉辦過近千場演講，觀眾超過十萬人次，他樂於跟青年學子分享夢想，分享人生。在這麼多場的演講中，每一次他都自帶設備，包括投影機、燈光、音響，甚至不惜自掏腰包補貼各項費用。可見他對現場的硬體有很高的要求。當然，這樣的高標準配上精彩的演講內容，獲得相輔相成的好效果，感染也感動了更多的莘莘學子。這些都是我在朱學恆先生的演講現場觀察到的。自己準備設備，可說是對上台極致要求的具體實踐，大部分的人難以望其項背，然而退而求其次，不論是簡報、授課或演講，事先了解、勘查一下場地及器材，對於上台的表現絕對能夠加分！

事前場勘的用意

如果是大型的演講，上台前最好能提早數日甚至數月進行場勘。我曾在某國際會議中心演講，事前我向主辦單位詢問過，知道現場是階梯型演講廳，可容納一百人左右，設備一應俱全，非常高檔，每個座位前都有麥克風，投影設備及燈光控制都沒問題。對於即將到來的演講活動，一切已準備就緒。

理論上應該沒有問題了，不過我還是在演講前一個月，趁著到該會議中心附近教課的機會，順便去看一下場地。在人員的帶領下，我走進現場參觀——果然很棒！然後我詢問無線麥克風在哪裡，不料會場人員回答：「沒有無線麥克風！」

演講前場勘，才發現沒有無線麥克風的現場，麥克風都已經固定在桌上。

原來過去這裡舉辦的會議形式比較傳統，講桌上的固定麥克風足以應付大部分的簡報與演講。但這一次我希望做走動教學，沒有無線麥克風是不行的！還好事前發現，不然等到當天才冒出這個問題，一定會增加上台的緊張慌亂。

關於設備與場地的注意事項

如果是一般的簡報，或許不必如此大費周章，事先與承辦人員溝通，大致了解一下現場狀況即可。但是當天最好提早一些抵達現場，開始之前看一下場地並測試設備。有時可以事前透過 e-mail，請相關人員拍下現場的照片，或自行製作一張檢查表，請對方代為檢查，確認你需要的設備現場都有，假使缺少任何重要工具，你也來得及提前應變。這麼做還能增加自己對現場的熟悉感，減少陌生環境帶來的緊張壓力。上述方法都是我經常採用的。

不論是事前場勘或是當天提前抵達現場，還應注意哪些事項？若是演講或大型簡報，要確認投影機夠不夠亮、音響設備的狀況、擴音器與麥克風如何操作、現場大小與總人數的比例、空間是擁擠還是空曠。如果是上課的現場，教室的大小、桌椅的擺設、桌型的布置是否要調整、教具設備是否齊全，這些都是要考慮的地方。

相較於演講的場地大同小異，簡報的場地會有很大的不

同，從長條型的會議室，到寬廣的演講廳或小型會議室，都有可能出現。面對不同的場地，上台前都應有基本的規劃，例如在台上要站哪邊，是否需要走位或移動。當預設的位置距離觀眾太遠，或是場地太大，適度的走位或移動是有必要的。還有一些問題，如電腦要接在哪裡？操作起來順手嗎？無線簡報器是重要的，因為場地的管線配置不見得方便接上電腦。當你提早到場後，看一下場地，想像自己在台上的情況，然後針對場地的各項現實因素，做出最適當的安排與（自我）調整，讓等一下台上時能夠得心應手。

充分利用場地

懂得善用場地也能為上台製造出不錯的效果。記得有一次受邀在青商會建言社做簡報，我提前三個小時抵達現場，發現是一間大會議室，呈口型，左右有兩排座椅，中間則是空的，講台在距離觀眾有點遠的最前面。看到這樣的場地，相信你和我一樣能夠想像，大部分的觀眾是不會主動坐到前面的。另外我還注意到一個問題，白板放在最後面，跟投影螢幕遙遙相對。如果是你，你會如何運用這樣的場地？

如果是傳統的做法，大概會選擇站在講台桌的後面，雖然可以塑造專業演講者的形象，卻拉大了與觀眾的距離。因此當下我便決定，上台後不要站在講台，而是走到中間，更

接近觀眾一點。我也在一開始時向觀眾預告，等一下會寫東西並用到另一邊的白板。於是在我整個上台的過程中，觀眾有時看著前面的投影資料，有時看著後面的白板進行討論。就在台下移動視線的同時，我反而拉近了與觀眾之間的距離，也為整場簡報帶來更多動力。場地未必是限制，只要懂得靈活運用也能創造耳目一新的效果。

　　總之，越是重要的上台場合，越是要注意場地與設備的細節。事前發現問題、解決問題，絕對比上台後的危機處理讓人游刃有餘啊！

企業推薦

　　「簡報是用來說服聽眾，而非傳達資訊」，福哥以每天、每次的備課與生活，實踐他的獨門心法，總算等到文字紀錄結集成冊，推薦給害怕上台做簡報或無法找出自我簡報問題的朋友們，盤點如何達到傳說中 100％ 完勝的上台簡報技巧。

——旅遊創新實驗室共同創辦人　Phoebe Lu

4-5 怯場症候群

心跳加快、手心出汗、呼吸急促？恭喜！你跟歐巴馬同等級

美國總統歐巴馬有一部《白宮之路》（*By the people : the election of Barack Obama*）的影片，描寫他如何從議員成為白宮的主人。其中有一幕是他準備接受總統候選人提名前，在後台真實的樣子。他即將面對數萬觀眾發表提名演說，這是個非常重要的時刻，可以看到他在輕鬆的外表下，仍掩藏不住內心的緊張。只見他一會喝水，一會看現場畫面，一會問時間，一會抿嘴。後來他直接到安靜的角落，一個人走來走去似乎在想什麼。

演說大師登台的前一刻

你可能會想：「歐巴馬在焦慮嗎？他為什麼不停地來回踱步？」

事實上，他正在做「心理預演」，把待會上台的流程在後台演練一次，譬如要從哪段話開始？接哪個段落？然後講

什麼重點？最後如何結尾？將整個流程以最快的速度在心中演練一遍。

不知你有沒有發現一個關鍵：雖然美國總統參選人在重要場合都有幕僚撰寫講稿，這時在後台的歐巴馬並沒在看稿或背稿！他只是走來走去，利用上台前最後的時間默記流程並做心理演練。等到主持人請他出場時，只見歐巴馬深吸一口氣，帶著信心大步邁上台。

之後的故事就是眾所熟悉的，歐巴馬以極具魅力的演講獲得群眾支持，成為美國第一位黑人總統。

向歐巴馬看齊

雖然我們不是歐巴馬，也不需要面對幾萬人演講，不過這裡有一些技巧值得學習。

1.不要背稿，要背流程

不要背稿或看稿，因為這不僅不流暢，也會增加壓力。我們應該學習如何在不看稿的狀況下，把流程記起來，包括開場怎麼說？重點一二三是什麼？結尾要如何收最有力？如果有投影片，如何掌握每一張投影片的順序？這些不會很難，只要用對方法並花點時間練習便能達到（參見 4-2）。「記住流程，就會流暢」，這是第一個重要關鍵。

2.多演練幾次

當你記住流程後，接下來要多演練幾次。如果像歐巴馬一樣有豐富的上台經驗，也許心理演練是可行的；但如果不是，就必須實際演練，將上台要講的內容大聲地說出來。你也許會覺得自言自語很奇怪，不妨找個朋友講幾次給他聽。一開始可能會卡卡的或是有不順的地方，透過一次又一次的演練與調整，自然能得到改善，也會對內容越來越熟悉。

3.以準備面對緊張

如果連歐巴馬等級的演說高手上台時都會緊張，一般人緊張也是理所當然的。重點是要如何面對？我並不建議把台下觀眾想像成一顆顆的西瓜（我做不到），或是告訴自己不要緊張（說了也沒用）。我的建議是：接受緊張這個事實，並以充分的準備來面對它。抓住每一刻可以準備的時間，在上台之前再練習一下。最後你將發現，緊張也許不會消失，但是你的表現會更好。當然，面對緊張仍然有方法可以舒緩，稍後再做介紹。

下一次當你看到歐巴馬在台上精彩的演說時，想一想他在後台的樣子：其實每個人都會緊張，重點是能不能做到有效的準備，例如記住流程以及實際進行預演。歐巴馬上台前會做「心理預演」，上述三個技巧能幫助我們未來上台表現得更出色。

4-6 如何克服上台前的緊張情緒？

與緊張共處的三個好方法

　　不論你做了多少準備，上台這件事還是讓你感到緊張焦慮。「如何克服上台前的緊張情緒？」大概是我最常被問到的問題了！我想說的是：「緊張無法消失，但是我們可以找到方法與它和平共處。」

　　很多人有一個誤解：是不是因為自己上台經驗不足，所以才會覺得緊張？其實只要是「正常人」都會緊張，只是程度多少而已。我也常常在上台前感到緊張，在後台走來走去，臨上場時一直想上廁所，甚至還會在心裡浮現上台出糗的畫面……。這些情緒我同樣都有，只是我能把它控制好，不受到太大影響，也讓台下看不出來而已。

緊張是自然反應

　　科學家認為，緊張是人類保護自己的反應，自遠古以來，人類在面對危險時（例如遇到一頭野獸！）體內就會分泌腎

上腺素，心跳加快、肌肉收縮、呼吸量變大……，讓身體處於備戰狀態，看是要打還是要逃。經過幾百萬年演化之後，這樣的機制依然存在。只是我們的身體似乎無法分辨，即將面對的是可怕的野獸或是可愛的觀眾。

華語歌壇天團五月天接受訪問時曾表示，他們經過這麼多場的表演，現在上台前還是會緊張。大聯盟棒球投手陳偉殷也說，他在開局投球時每每感到緊張。歐巴馬上台發表提名演說的前一刻，在後台坐立難安地來回踱步，他的緊張可以想見。如果連歌手、職業球員以及大人物面對上台都會緊張，我們的緊張不安也是很自然的一件事。

處理的方法

緊張不會消失，只能坦然面對它，接受這是每個「正常人」都會有的反應。其實緊張是好事，表示你在乎、重視上台的自我表現（如果不在乎，也就無所謂緊張了）。適度的緊張能提醒你做出更好的準備，因此是大有助益的。先接受會緊張的事實，下一步就是運用有效的方法，讓自己在緊張時依然能維持卓越的表現。以下建議三種面對緊張的方法：

1.充分準備

這不是老生常談！我不斷強調準備的重要性，是為了讓

它也變成一種自然的反應。只要準備得夠充分,雖然仍會緊張,但表現能在水準之上。因此當你感到緊張時,不妨把注意力放在幾個問題上:你是否已經記住內容結構以及投影片的順序?你是否下足工夫做好演練?你有沒有把開場練得滾瓜爛熟?將心思放在準備的相關事項上,可以有效減少緊張帶來的干擾。

2.放鬆自己

快要上台的最後階段,找個讓自己覺得舒服的方式放鬆自己。我習慣做幾次深呼吸,把壓力全部吐出來。或者雙手高舉伸伸懶腰,也可以上個洗手間,整理自己的儀容。或者像歐巴馬一樣走來走去,找個安靜的地方沉澱一下,在腦中想一遍待會的開場白……,這些都是好方法。也可以試試許多專業講師會用的情緒轉化法:把緊張想像成興奮!告訴自己這不是緊張,而是興奮;你為了即將上台有所表現興奮不已。這是一種積極、正向的思考模式。總之,不論用什麼方法,只要對你有效、能夠緩和情緒的就是好方法,值得一試。

3.自我對話

在上台的最後幾分鐘,我經常會一個人走到洗手間的鏡子前,看著鏡子中的自己,告訴自己:「今天一定會有很好

的表現！」藉此幫自己加油、打氣一番。有時我也會靜下來祈禱，希望上天保佑一切順利，台上的自己表現完美，台下的觀眾大有收穫。與其說是向上天祈禱，其實更接近自我對話，藉由將目標與期待說出口，給自己更多的信心。或是也可以對自己說：「你已經做

上台前整理一下自己。

好準備，一定會有滿意的表現。」我覺得這樣的對話很有效，下一次你也可以試試看。

與緊張共處，超越緊張

隨著上台次數的增加，適應緊張的能力也會提升。在此再次強調：緊張不會消失，你可以找到方法面對它。適度的緊張是一件好事，表示你在意自己上台的表現。緊張是自然的生理反應，不要過度抗拒它，也不用太擔心。把注意力放在充足的準備上，找到方法放鬆自己，透過自我對話加強信心與勇氣，便能與緊張和平共處、超越緊張。全心全意投入台上，自在地「面對它、處理它、放下它」！加油！

4-7 沒有時間準備，怎麼辦？

遵照「上台的SOP」，克服難題

　　到目前為止，我們談過上台之前準備的重要性，介紹了準備的方法、事前該如何練習，以及怎麼去了解並掌握台下觀眾的需求。上台前人人都會緊張，準備的過程有助於減緩緊張的情緒。然而準備是需要時間的，也許你會遇到一個現實問題：「工作很忙，沒有充裕的時間準備，該怎麼辦？」

　　以前受雇於企業時，我也曾臨危受命，接下主管緊急指派的任務，一小時後上台進行一場重要的簡報。即使現在擔任專業顧問，有時仍會忙到分身乏術而沒有充裕的時間準備。像這樣遇到時間緊迫的情況時，如何在台上仍有水準以上的表現呢？

面對壓力的標準操作流程

　　我的答案是：依照「上台的 SOP」（標準操作流程）來準備！上台只要有這份 SOP，即使時間壓縮到非常有限，還

是有辦法從容應變，不至於丟三落四。當時間不足時，它能幫助你快速掌握準備的要點，不用慌張；當時間充裕時，它也可以協助你釐清核心問題，不會白忙。以下就是「上台的SOP」，遵循它的四個步驟，將有效克服時間的難題。

1. 找到觀眾的需求

不論上台後如何呈現內容，一開始一定要站在觀眾的立場思考：我希望觀眾記得什麼？為什麼這些東西是重要的？我能解答觀眾內心的疑惑嗎？這場簡報、演講或課程有什麼價值？對觀眾有何意義？先把這些問題想清楚，接下來的準備才不會失焦或偏離。

2. 善用架構

在時間壓力下不容易有創新之舉，這時不妨將內容套入常用架構，例如：人事時地物、人機料法、5W2H、行銷 4P、五力分析……。只要找到合適的架構，整體就有系統且條理分明，觀眾不會感到茫然，而會認為台上的你是有備而來的。

3. 準備素材

評估有沒有時間準備上台的素材，例如投影片、表格資料或其他輔助工具。由於時間有限，不用準備得太多或太複

雜，可以先找找過去的檔案資料，例如參考以前上台簡報的投影片，這樣可以節省設定格式的時間。記得一定要確認，是否有設備方面的需求？會使用投影機或白板嗎？器材的連接有沒有問題？儘管時間有限，相關設備一定要事先測試，以免上台後才發現問題，讓情況雪上加霜。

4. 開場與結尾

這是最重要的兩個關鍵，能讓觀眾留下深刻的印象。臨上台前一定要想清楚，務必一開場就打到重點，以好的破題吸引台下注意力，讓觀眾對接下來內容有所期待。到了結尾時，歸納結論並再次重申重點，加強觀眾的記憶。至於開場與結尾的做法，在第五、六章會有更詳細的說明。

別讓「沒時間」找上你

除非萬不得已，真的不建議臨時抱佛腳。只要情況許可，最好為自己多留一些準備時間。通常你所認為足夠的時間，實際上需要兩到三倍才真正充裕。別花太多時間在投影片的製作上，結果忘了做整體的練習，那會得不償失。想好如何開場，套上常用架構，並配合適當素材。只要你準備的內容貼近觀眾的需求，即使時間緊迫，仍可有水準以上的表現。

什麼？你還是很緊張，怕時間不夠？來不及緊張了，趕快依照 SOP 準備一下，馬上就要上台了！

企業推薦

　　一場出色的演講或簡報，取決於傳達與說服的技藝，能讓台下觀眾真正有所獲得，才是講師莫大的成功榮耀，這是永福老師深耕在我心中的觀念。從事前的充分準備，環環相扣的活動安排，到課前讓自己沉澱的「歐巴馬時間」，就算是教學演講身經百戰的我，聽完永福老師的課也能功力提升一甲子。

——永豐金證券資深分析師　呂正傑

　　「台上一分鐘，台下十年功」，這個道理大家都懂，如果王永福老師（福哥）能夠將十年甚至二十年功力濃縮在一本書內，那您一定要看這本書。不買來看，「只要」再過二十年，您一樣會懂這個道理！

　　何必再等二十年呢？趕快來看《上台的技術》吧！

——澤鈺智庫總經理　李河泉

　　福哥像是天生的講者，幽默、生動、充滿活力的 Power，能激發學員潛能，克服上台恐懼！

　　福哥曾說自己怕搭飛機，但更多人害怕上台說話，其實只要做好準備，緊張就不容易被看出來。謝謝福哥讓我體悟：毋須恐懼上台，該擔心的是準備是否充足。

　　福哥持續精進教學品質，就是台上一分鐘，台下十年功的最佳榜樣！

——聯詠科技訓練發展　范喬雅

　　福哥是我見過最敬業最認真的講師，他的課程讓我見識到專業簡報背後要付出的努力和用心，還有上台前練習、再練習的超

企業推薦

級敬業態度。

　　福哥在台上行雲流水的自信風采，充分展現出他對上台的專業與背後用心地投入。好的專業簡報能帶來關鍵的影響力，自信的台風則表現出自己對工作的承諾。很高興能透過這本書更深入學習福哥對上台這件事的專業經驗，相信也對所有讀者有立竿見影的幫助與啟發。

　　—— Barco Ltd 巴可股份有限公司市場行銷經理　樂君怡

　　去年有個部門主管來上課時，在自我介紹的時提到，他看到自己部門的屬下在簡報上有不一樣的表現，所以想來看看 Jeff 上的簡報課程有什麼不同。也有同事對 Jeff 的嚴格印象深刻，第二天演練時脫胎換骨，完全超過主管預期的表現。

　　Jeff 要出書了！讓更多的人了解上台的精隨，幫助更多的人在台上展現自信，也讓台下的觀眾享受更多精彩的表現。

　　——全球電機 & 電子頂尖外商公司　人資訓練美魔女 Bonnie

　　福哥對於上台簡報的要求，絕對不是一般地嚴謹，而是非常非常地嚴謹。不用雷射筆、不看稿，是福哥的基本要求，反覆地練習與準備，絕對沒有也不容有失誤的機會。台灣業界上台簡報講師第一把交椅要把心法與技法彙整出書，絕對不要錯過。

　　——美時製藥產品副理 Brian Lin

上台時，應該這樣做

開場

5-1 一上台，你可能會遇到的場景

掌握開場的技巧，在台上得心應手

當一切準備就緒站上台時，你預期會面對怎樣的觀眾？台下是投以專注、熱情的眼神，還是冷冰冰地看著你？你是否想像過上台的真實狀況與挑戰？接下來在此分享實務上很可能會出現的幾種場景。

上台跟你想像的不一樣？

場景一：知名跨國公司的簡報現場，一進到會議室馬上感受到肅殺的氣氛，台下坐了八位主管，正準備批判你的提案內容，有人低頭看著資料，有人雙手環抱胸前，有人深坐椅背往後靠，每個人都神情嚴肅，虎視眈眈。簡報還沒開始，現場已是壓力緊繃。這樣的場景，你熟悉嗎？

場景二：科學園區的訓練教室，你站在台上準備開始今天的教育訓練課程。但是放眼台下，只見有些人無精打采，一大早就哈欠連連，可能最近加班太操勞，或是昨晚沒睡好。

也有人隨意翻著講義，跟鄰座同事小聲地聊天。課程即將開始，但現場還沒有進入狀況。這樣的場景，你遇過嗎？

場景三：某一傳產公司的演講大廳，一開始你就注意到台下有點不對勁，有幾個觀眾雙手交叉胸前，臉非常臭，擺出極為防衛的姿勢。雖然他們沒有開口說話，但你可以從臉上的表情讀出一些訊息，他們對你接下來要談的東西有些質疑，或者是被公司強迫來參加這場講座，回去還有一籮筐的工作要加班處理……。然而不論原因為何，你已經站上台準備開始了。這樣的場景，你見識過嗎？

沒有理想觀眾，只有理想講者

上述三種場景並非虛構幻想，那是我過去在不同場合遇到的真實情況，說不定你也曾身處其中。當你完成充分的準備，信心滿滿地站上台，卻看到一群表情冷漠的觀眾，這時你該怎麼辦？

千萬別什麼都不做，任由現場冰冷的氣氛繼續凝結，那只會嚴重影響你上台的效果。若不想讓自己先前的一番努力付諸流水，建議事前一定要設計好開場，一上台就與觀眾建立信任或連結，快速點燃台下參與的興趣。

回到剛才的場景三，當我站上台，面對台下被迫參加演講、無精打采的傳產員工，我並沒有急著開始，而是先用一

段精心安排好的自我介紹，嘗試吸引台下對我的好奇與注意。接著拋出幾個互動問題，與台下進行開放式地問答，讓更多人覺得：「這個演講好像蠻有趣的？」當大家逐漸放下心防後，我繼續運用更多的技巧，包括小組討論、團隊競賽、獎品激勵……，讓現場的氣氛持續加溫，直到很 high。最後我甚至得要站在椅子上，才能掌握現場的熱烈反應！從一開始的冰冷，到中後段的熱情，證明了觀眾的熱情是可以點燃的！

未來你上台時，一定也會遇到不同的挑戰。台下有各式各樣的觀眾，甚至完全不是你期待的，也許是帶著疑問與不信任的主管，也許是急切想要知道唯一解決方案的客戶，甚至非常有可能是無精打采的學員或沒什麼學習意願的觀眾。遇到不理想的觀眾，你要怎麼應對？碰上預期外的狀況，有什麼技巧可以扭轉情勢，幫助你順利完成上台的任務？

我一直相信：沒有理想的觀眾，只有理想的講者。不同的觀眾豐富了我上台的經驗。只要具備充足的技巧，加上一點創意及勇氣，在面對各種不同的場景與觀眾的挑戰時，相信自己，你一定也能找到應對之道。

不同階段，運用不同技巧

上台的流程一般可劃分為：開場階段、內容階段、結尾階段，各自有相關重點要留意，例如開場階段要懂得破冰，

快速吸引觀眾的注意力；內容階段要持續抓住觀眾的目光；到了結尾階段必須歸納並重述，讓觀眾留下深刻的印象。

不同階段應用不同的技巧，屬於上台的技術中實戰性很高的部分。當技巧學得夠多，也夠熟練了，便能舉一反三，靈活切換，順利克服棘手的情況。

三階段中，開場尤其重要。一開場的黃金三分鐘是吸引注意力的關鍵，這時若不能抓住台下的注意力，到了內容階段觀眾便很容易分心，不管你原本準備得多精彩都會大打折扣。以下章節將逐一介紹實用的開場技巧，讓你一上台就成功了一半，通過各種場景的挑戰，達到最佳的上台效果！

企業推薦

接受過福哥課程的洗禮，讓我深刻體認到「上台／簡報是價值的傳達」；對內是知識價值的傳遞，對外是品牌價值的延伸，如何正確、有效傳達這些價值，上台的技術是所有內訓講師必修課程，也是企業提升競爭優勢的金鑰。

——益登科技內訓講師　楊勝丞

前總經理在年度會議上的期許，成為我與福哥合作的起源，總經理業務主管出身，要滿足老饕挑剔的嘴，就要端上無可挑剔的菜。也因為這次的合作，讓訓練單位的價值迅速攀升，合作數十次，不論換了公司，只要上台簡報課程，福哥永遠是我第一指名。

——台灣福興人資課長　葉品逸

5-2 開場的技巧：自我介紹

讓台下認識你，更要讓台下信任你

　　自我介紹是開場最基本、也是最簡單的一種方法，不過它的重要性往往被忽略了。以下透過兩則實例可以看出，好的自我介紹是如何有效完成「破冰」任務的。

自我介紹的用意何在？

　　Jerry 是 IC 設計公司的業務副理，他要去拜訪一位新客戶，並向對方簡報公司最新開發出來的 X 晶片。上台之前，他擬好的開場白是：

　　「各位好，今天想向您介紹我們公司最新開發的 X 晶片，這是為了數位電視的發展趨勢所研發出來最先進的產品。我們來看一下這個 X 晶片的規格簡介……」

　　這段開場白中規中矩，也為接下來的內容做了鋪陳，但

是 Jerry 可能沒有想過，坐在台下的客戶一面聽著，心裡面可能會出現幾個問題：

- 你是誰？
- 為什麼今天是由你來簡報？
- 你對這個晶片了解多少？你談的內容有可信度嗎？

這些問題觀眾不會說出口，卻一直放在心裡面。你可能會看到觀眾雙手交叉，帶著評估的眼神，試圖在簡報的過程中收集這些問題的答案。當觀眾尚未信任你時，對你說明的內容也會打折扣；更殘酷的是，如果你一直無法取得台下的信任，觀眾便會對你失去耐心，注意力也將渙散。等到你談及核心重點時，觀眾十之八九都會漏接了訊息。這絕對不是你所樂見的結果。

技巧與目標

若想避免上述情況，建議開場時先安排一小段經過設計的自我介紹。目標不只讓觀眾認識你，更是讓台下很快能信任你。Jerry 了解這一點之後，重新調整他的開場白：

「各位午安，我是 K 公司的 Jerry，今天要跟大家分享的是我們公司最新開發的 X 晶片。

在過去兩年，我參與了這個 X 晶片的開發案，而在數位

電視晶片這個領域，包括 MM 及 CC 公司，都是我先前服務過的客戶。所以公司今天特別要我來，向貴公司深入說明 X 晶片在新一代數位電視上的應用。首先我們來看一下這個晶片的規格。」

　　多了一小段自我介紹，時間不會超過 30 秒，可以在一開始時就與台下建立信任關係，並讓你與主題之間有更強的連結，讓觀眾認為你接下來說明的內容能令人信服。一旦觀眾信任你，期待你所呈現的內容，相對也會提高對於訊息的消化吸收，你上台的整體效果會更好！

　　再舉一個例子。台大醫師柯文哲曾受邀到 TED x Taipei 演講，談的主題是「生死的智慧」，他一開場就說：

　　「在台灣的醫生裡面，我大概是看過死人最多的醫生。在生死之間看過最多，所以要我來講生死的故事應該是最恰當。」

　　用這樣幾句話點出了主題，也建立起觀眾的信任及期待，是很獨特的開場方式。再次強調，自我介紹的核心目標，除了讓台下認識你，更重要的是讓台下信任你！因此任何可增加對你信任度的素材，都可以考慮應用。例如：

- 經歷、經驗
- 專業背景或認證
- 年資或職級
- 服務過的客戶或執行專案
- 媒體報導或相關資料
- 其他專業相關成就

用什麼態度來自我介紹？

這裡要特別留意自我介紹時的態度，不是自吹自擂，也不是去證明自己比台下的觀眾厲害，而是真誠、中立，不誇張，也不做作，讓觀眾感受到你的誠意，相信你是談這個主題的適當人選。帶著這樣的態度上台，你將能順利破冰，自然而然贏得台下的信任。

自我介紹最好能隨著觀眾不同而有所調整，例如有一次我到專科醫學會議演講，面對台下近百位醫生是這麼開場的：

「各位醫師好，今天要與各位分享專業簡報技巧。我是福哥，除了是鴻海、西門子等公司的簡報教練，過去也曾在台大醫院、台北醫大、台中榮總等醫院授課，並得到許多醫師滿意的回饋。希望今天跟大家一起有個愉快的學習……。」

　　你可能會注意到，因為台下的觀眾都是醫師，我除了談到在幾家大公司擔任講師的背景，也特別提及在醫院授課的經驗，以便與台下有信任連結，提升觀眾對內容的接受度。

　　讀過《TED Talk：十八分鐘的祕密》的人或許會有個疑惑，關於開場該書提到，自我介紹雖然很重要，可是在自我介紹時，應避免造神與提及太多豐功偉業，那樣很容易造成觀眾對講者的反感。

　　沒錯，你誠懇的態度是否能讓台下觀眾感受到，將是一大關鍵。《TED Talk：十八分鐘的祕密》一書中同樣也強調，好的介紹只要一兩分鐘便可替演講大大加分。由於在 TED 的演講中負責介紹的是司儀，因此如果沒有主持人或司儀開場，就像許多職場中上台的情況（如簡報、報告、授課等），你到位的自我介紹就十分重要了。特別是當現場對你不熟悉時，更應該花點時間談一下為什麼是你，以及你與主題之間的連結。

　　好的自我介紹也是要練習的。我有位講師好友可以把自我介紹說得行雲流水，讓台下一開始就佩服不已。我問好友其中的祕訣，他回答我：「我每一年要講超過百次，幾年下來也說了上千次，每次仍不斷力求改進。如果大家練習的次數跟我一樣多，相信也可以說得跟我一樣流暢！」練習，就是表現完美的不二法門啊！

5-3 開場的技巧：自問法

錯誤的問題vs.正確的問題

在所有的開場技巧中，我個人最喜歡也覺得最有用的，就是自問法。操作的方式是上台前先問自己一個問題：「如果我是觀眾，我最關心哪三件事？」然後一開場就將問題主動提出來。方法看似很簡單，但是它所發揮的威力遠遠超過你的想像。在此以一個我的親身經驗為例。

自問法的操作實例

有一次，全球最大科技集團的人資長請我們公司做提案簡報。這是一個規模很大的案子，當然也有不少的競爭對手。經過前幾關的審查會議後，我們是少數幾家進入最終決選的公司。最後階段的提案，是由人資長親自出席審查會議。在提案前，承辦人員提醒我：「人資長很忙，提案只有五分鐘的會議時間！」身為全球頂尖企業主管，忙碌是必然的。如何在五分鐘內完成提案，說明清楚，進而拿下這個案子，是

我們要面對的挑戰。

於是，事前我花一些時間，嘗試轉換一下角色，從人資長的觀點來思考：在五分鐘的簡報中，人資長最關心的問題有哪些？

每次上台前，總是會思考一下，觀眾最關心哪三件事情。

錯誤問題的自問自答

一開始有幾個很直覺但不夠精準的想法，例如說：

錯誤問題 1：來提案的是什麼公司啊？

自我對話：不對！這些資料在基本階段都審查過了，人資長不會管這樣的小事。

錯誤問題 2：這個訓練案的內容是什麼？

自我對話：不對！這個他手下的行政人員早就規劃好，也跟他報告過了。他不會會用這個五分鐘來處理這些事情。

錯誤問題3：價格是多少？

自我對話：也不對！年營業額破兆的集團對員工的投資不遺餘力，價格不會是人資長層級考量的重點；就算是，也不會到個時間點才提出來討論。

所以我再次問自己：「如果我是人資長，只有短短的五分鐘，我真正關心的是哪些問題呢？」經過幾番思考，有些比較接近的答案浮現……。

正確問題的自問自答

正確問題1：這間公司可信嗎？評價如何？

自我對話：如果我是人資長，首先會想知道這間公司的可信度如何？有沒有業界其他人的評價資料？實際表現如何？是否有具體證據可以支持？」

正確問題2：過去做過什麼案子？

自我對話：如果我是人資長，我也想看看這間公司過去的表現，有沒有執行過類似的案子？經歷是否完整？

正確問題3：能給公司帶來什麼效益？

自我對話：人資長考慮的層面應更全面，他會很想知道，當這個案子執行完畢後，能帶給公司哪些預期中的效益？會有什麼好處？是否與當初規劃的目標一致？

事前透過這樣自我提問與自我對話的過程，我嘗試從人

資長的角度出發，想像他心中最關心的問題與最在意的重點。正式上台時我是這麼開場的：

「人資長您好，在接下來五分鐘，除了先前談過的提案內容之外，我想您可能會關心我們過去的經驗如何？曾經服務過那些客戶？客戶對我們的評價又是如何？還有，在這個專案執行之後，預期給貴公司帶來什麼樣的效益？

我待會將針對這幾個部分，跟您做個簡單的報告說明……。」

當我說出這一段開場白之後，可以看到人資長眼睛一亮，這些問題似乎說中了他的心聲，他沒開口說話，只是微微地點頭。等他看完我所展示的相關資料後，心中的問題已得到解答，在我補充說明預期的成效評估後，剛好時間也到了。他站起來跟我握個手，問有沒有什麼他可以進一步協助的地方？我事先也猜到他會這麼問，因此補提了一個問題，請他協助處理。在面談的最後，他笑著告訴我：「您的說明真的很到位，句句是重點。改天是否也能請您指導我們的同仁，要如何才能做到？」

其實要做到這個程度並不困難，只要你花一點時間，事先想一想觀眾心中的問題，並在一開場就主動把潛在的問題

說出來。如果問題夠精準，說中觀眾的心聲，觀眾會覺得台上的講者是了解他們的，是做好準備的，如此一開場就建立起彼此的連結。甚至在有些觀眾防衛心比較重的場合，自問法也能降低現場觀眾的抗拒心態，因為這是一種同理心技巧的應用，讓台下能自然地解除心防，聆聽接下來的內容。

自問法的計劃流程

自問法是非常具有威力的開場方式。當你計劃使用自問法時，可以遵循以下的流程：

1.收集問題

從觀眾的立場思考問題，想像你是觀眾，對於這一次的簡報、授課、演講，你最想知道哪三件事？如果你自己想不出來或是不確定，可以徵詢一下他人的意見，或是收集相關情報，旁敲側擊。一定要「猜」得準才有用！

2.準備答案

準備一下這些問題的答案，並當成你上台的核心內容之一。因為這些就是台下最想知道的，他們正是為此而來，所以你要針對相關問題做好準備，並提供解答方案。

3.開場時拋出問題

　　一開場時，就拋出觀眾心中的問題，例如說：「我想各位心裡應該會關心這幾個問題……」或是：「各位主管最想要知道的是……」。透過這種方式，具體說出觀眾心中的問題或需求。請記住，在一開始時不需要馬上公布答案，只是在開場階段先說出台下的心聲，傳達同理心，建立連結。至於這些問題的解答，可以留待中間的內容階段再仔細說明。

　　在第二章開始時，我提到與一位董事長見面簡報的實例，也是應用了自問法。先想好董事長可能會問我哪些問題，還徵詢了好友（與這位董事長共事過）的意見，以確認問題是否正中紅心，然後針對問題做好準備。因此能在見面時讓他驚訝連連，並且笑了開懷，開啟良好的合作關係。

　　其實，除了技術層面之外，我真正想說的是：當你站在上台時，如果都還不曉得觀眾（不論是上司、客戶、同仁、學員或一般觀眾）心裡最想了解哪三個問題，怎能算是做好充分的準備，又怎能期待達成預期上台的效果呢？

5-4 開場的技巧：舉手法與問答法

與台下創造最佳互動的兩大妙招

　　開場的時候，站在台上的你往往一眼便能看出台下的整體氣氛，有時候你會感覺觀眾充滿期待，有時候你也會察覺台下情緒低迷，尤其當你上台的時間剛好安排在中午過後的時段；或者觀眾已被前一場的講者給疲勞轟炸，而你必須接在這個不利的時刻上場；也有可能台下的參與是被動的，例如被公司指派或規定出席等。這都不是你的錯，也不是觀眾的，你在台上的表現不應受到這些外在因素的左右。想要避免上述情況的影響，其實是有對策的。如果懂得運用一些方法來設計開場，創造與台下的互動關係，不只有助於改善現場氣氛，引導觀眾主動參與，讓之後的內容說明更加順暢，還大有可能扭轉觀眾的期待，進而對你留下深刻的印象。

　　在創造與台下互動的手法中，最常用在開場的是舉手法及問答法。若能掌握這兩大妙招並靈活運用，任何情況下都能不著痕跡地快速「炒熱」場子，帶領現場觀眾進入狀況。

　　Jacky 是知名證券公司的業務經理，經常要代表公司巡迴舉辦投資說明會。雖然每一次來報名的觀眾都算踴躍，可是由於內容專業，再加上觀眾提問的比例不高，他總覺得現場悶悶的，似乎缺少了什麼，很希望能在一開場就有所突破。

　　我認為不妨加入互動的元素。Jacky 不太清楚如何操作，也不確定在這麼專業的投資主題下，是否能與觀眾成功互動。我給他的建議是：使用舉手法及問答法！

　　經過一個星期的思考與準備，在另一個演講會場中，他嘗試採用舉手法作為開場，並加入了以下問題：

　　「謝謝大家來參加今天的投資說明會！為了讓說明的內容更貼近大家的需要，我想了解一下現場朋友們的投資經驗。只是了解一下，並不會洩露出去。

　　請問有人投資過股票嗎？請舉手一下。

　　有買基金的？請舉手。

　　有投資過債券的嗎？

　　謝謝大家的回應，看起來這邊有些朋友投資經驗還不錯，有些朋友的經驗相對比較少。今天的講座將會跟大家分享一些有用的工具及方法，幫助您未來的投資可以更順利。」

　　在上面的操作過程中，一開始先提出幾個問題，透過舉

手的方式讓觀眾參與，活絡一下現場氣氛，為接下來的說明做準備。

舉手法操作中……

Jacky 不僅運用了舉手法，他也接受我的建議，加入問答法，強化與觀眾的互動，做法是設計一些問題請台下觀眾回答。就在順利操作了舉手法之後，他鎖定一兩位剛才舉手的觀眾，態度直接但和善地請問他們：

「方便請問一下：您為什麼選擇股票作為投資標的？」
「那您呢？為什麼選擇基金？原因是？」

Jacky 主動發問時，觀眾雖然有點害羞，但還是在他的鼓勵與引導下回答問題。經過這樣進一步的互動，現場的氣氛

變得溫暖了，一開始時種冰冷、有距離的氣氛消失了，這就是結合舉手與問答兩種互動法的威力。

如果你曾在 YouTube 上看過哈佛大學的正義課（*Justice: What's the Right Thing to Do*），你會注意到授課的麥克·桑德爾（Michael Sandel）老師，在第一堂課開始時，就是運用了互動法來開場破冰。他先敘述一個情境，然後提出一個問題，要求台下以舉手的方式表態（舉手法），之後開始點人問問題，讓台下學生進一步回答（問答法）。整個過程操作非常細膩，是互動法開場的絕佳案例。

若有機會操作舉手法或問答法開場，有幾點要注意：

問題要明確

很多舉手法或問答法失敗的原因，在於問題不夠明確，或是不容易回答。舉例來說，如果你想了解台下使用智慧型手機的經驗，可以這麼問：「現場有使用智慧型手機的朋友，請舉手！」相對而言，「現場沒有使用智慧型手機的，請舉手！」這類反向的問題，往往不容易瞬間理解，舉手的人也會比較少。此外，問題如「現場有沒有使用智慧型手機的？」問題沒完成，指令不清楚，觀眾不知道應該如何反應。這些都是不明確的問題。

在操作問答法時，也應該將問題設計得簡單而直接，例

如「您平常都用智慧型手機做哪些事？」就是一個簡單而直接的問題。問題如「您平常都用智慧型手機做什麼？您覺得有什麼優點或缺點？」就過於複雜，而且一次問了不只一個問題。還有像「您覺得智慧型手機未來會如何發展？」這樣的開放式的問題就不適合問答法的操作，因為觀眾不容易立即回答。這都會造成互動效果不佳，應小心避免。

要主動指定

在操作互動時，雖然期待台下會主動參與，但實際上這是有難度的，因為一開始觀眾總是比較保留或有點矜持。建議台上的講者要主動指定，不要被動等待台下觀眾的參與。

以前面智慧型手機的問題為例，可以先問：「有使用智慧型手機的朋友，請舉一下手！」從中找到一位有參與感的目標觀眾，然後直接問他：「請問這位朋友，您用的是哪一款手機？」（先問簡單的問題。）接著再問：「您當初為什麼選擇這款手機呢？」（再次追問，開放性問題。）整個過程都是由講者指定並控制流程，這樣才有機會在開始時突破現場的冷淡氣氛，創造有利的互動。

你可能會好奇是怎麼決定要指定誰呢？不知道你是否留意到，一般都是先操作一個舉手互動，而根據經驗會舉手的觀眾基本上都願意與台上互動回應。但如果你發問後，某位

觀眾卡住沒有回應，你也只要笑一笑，很快地轉移目標問下一位觀眾，就能化解過程中的尷尬。

要正面鼓勵

請記得我們的目標是操作互動，建立與觀眾之間的連結，並不是真的要有什麼正確的答案。因此不論觀眾如何回應，記得表達感謝並給予正面鼓勵。當觀眾回應你的問題後，你可以簡單重述一下他的意見，然後說：「謝謝您的回應。」或是「您的看法很棒！」「您的看法很有意思」（不論答案是什麼，這個說法都適用！）絕對不要批評，或故意挑戰觀眾。正面鼓勵才能讓觀眾進一步參與，並炒熱現場氣氛。

如果是刻意的安排，如個案研討的問答對談，在反問時也要留意發問的態度，試著先鼓勵讚許，然後才反問澄清。請記住，觀眾其實是可以不回應的，你必須持續鼓勵，才能提高觀眾參與及回應的意願。

下一次當你遭遇到冰冷的現場，不妨考慮一下，運用舉手法及問答法來引發現場的參與及互動。只要有適當的問題設計與流程規劃，相信你很快就能打開觀眾的心房，與現場建立進一步的連結，當然也更有機會完成你上台的目標。

5-5 開場的技巧：故事法

運用好故事，引爆巨大威力

　　一上台就說個好故事作為開場，是許多專家大力推薦的技巧。人人都喜歡聽故事，好的故事能立刻吸引台下的注意力，讓觀眾與主題產生連結，激發想繼續聽下去的興趣，可說是極具威力的做法。然而常見的問題是，你會說：「我又不是小說家，上台談的都是專業主題，要怎麼講一個符合主題又吸引人的故事呢？」

好故事的威力無窮

　　Mike 是國際知名家用品牌的地區經理，經常需要跟大型賣場通路如家樂福、愛買等進行簡報。公司最近導入了一個貨架管理系統，希望通過最佳化產品擺設方式，提昇銷售業績。他要如何說服賣場管理人員，讓他們接受公司這項系統？

　　上台簡報時，他並沒有選擇講一堆數據，或是引用教條式的研究，而是從一個「故事」開始：

「在談今天的主題前，我想先跟大家分享一件很有意思的事。去年我們跟 ABC 賣場進行了一項合作案，透過攝影機來觀察客人挑選產品時的反應。經過三個月的記錄分析，我們發現一件事：消費者在挑選產品時，如果不能在三十秒內找到，就會選擇放棄購買！

而 ABC 賣場在導入這個系統後，不但讓消費者找東西的速度變快了，購物的數量也同步增加。這就是貨架管理系統的功用。我簡單為大家介紹我們是如何做到的⋯⋯。」

Mike 透過一段真實經驗，一開場就抓住台下的注意力，並且巧妙帶出報告的重點，非常有助於接下來的內容說明。

再來看另一則實例。國際軟體大廠品牌經理 Judy，在資訊安全產品說明會上，她是這麼開場的：

「在談資訊安全這個主題前，先請大家假想一個狀況：有一天您收到一封 e-mail，系統通知您密碼不夠安全，請您更改密碼，並附上密碼更改的連結。我想調查一下，會按下這個連結的人，請舉手？（從故事法接到舉手法）

如果您舉了手，很不幸的，您的密碼已經被駭客竊取了！這是一種釣魚郵件，屬於社交網路攻擊的手法。這也是我們今天想跟您分享的重點：如何確保資訊安全⋯⋯。」

故事法的運用原則

從上面兩則以故事開場的範例中，可以發現：好的故事可以是個人經驗、真實案例、具體情境，或是由此改編而來。然而，在大多數專業上台的場合中，要找到切合主題的「故事」並不是件容易的事，因此若要運用故事法來開場，請把握以下幾個原則：

1.與主題相關

故事要呼應上台的主題，在故事講完之後，台下可以清楚理解故事的主旨、重點，以及與主題的關聯性。千萬不要只是為了講故事而講，也不要在講完故事之後，接著又說：「這個故事與今天的主題沒什麼關係……」這樣會讓現場氣氛急速冷凍，台上台下一片尷尬，完全失去了講故事的作用。

2.善用問題與解決

講故事可以運用很多的技巧，市面上有不少書籍專門指導如何把故事講得精彩。在眾多方法中，「問題與解決」的形式特別適合用在開場上。

例如前面「貨架管理系統」的範例，先提到消費者 30 秒內會放棄購物的問題，接著敘述導入系統後得到的改善。在「資訊安全」的例子裡，也是先談到釣魚郵件竊取密碼的問

題，再介紹如何應用資訊安全系統加以防範。在運用類似的手法時，當呈現的問題越嚴重，或觀眾被觸及的點越痛，越是能快速吸引台下的注意，說故事的效果也會越好。這就是一個成功的「問題與解決」的故事開場。

3.簡短與濃縮

注意故事的長度，要能夠很快地講完，並帶出故事重點。最好可以控制在一分鐘以內，千萬不要長篇大論，那樣反而會模糊重點。如果故事有很多的細節，記得一定要適當刪減、濃縮，只留下與主題有關的部分即可。

4.多練習幾次

講故事是需要練習的，不僅故事內容要講得流暢，語氣跟情緒的拿捏也很重要。事前不妨找個朋友當觀眾練習講幾次，並徵詢朋友的意見，故事講得夠生動嗎？與主題是否緊密連結？上台前記得再練習一下，可別講到一半忘了故事情節，犯下萬萬不該犯的基本錯誤。

5.多收集、多學習

平常多收集一些好故事或好例子，不論是真實案例或是從書上看到的。我有一個好朋友平常養成一個習慣，每當他

聽到好故事或精彩笑話，就會寫在名片大小的手卡上，建立自己的故事資料庫。在上台的準備階段，他會把手卡拿出來翻閱，十之八九都能找到適合主題的好故事，有了好故事的襯托，每次上台自然都能表現得可圈可點。

在熱門的 TED 演講中，有一場讓我印象非常深刻。主講者是美國視覺行銷大師理察‧聖約翰（Richard St. John）談成功的八個祕訣，整場時間只有短短的三分鐘，但他並不急著切入八個祕訣，而是花了快一分鐘（接近三分之一）的時間，敘述一則親身經歷作為開場。他提到在一趟飛機旅程中，旁邊坐著一個家境貧窮的高中女生，對他提出了一個大哉問：「怎樣才能成功？」一時間聖約翰竟無法回答她，為此他深感愧疚，也因而開啟了他七年五百多次與成功人士的訪談。當他講完這則小故事，觀眾已經被他吸引進入重點，熱切期待演講接下來要分享的內容——成功的八個祕訣。這也成為一場影響無數年輕人的知名演講，運用一則好故事來開場，便能引爆如此巨大的威力。

那你呢？想好怎麼說你的「故事」了嗎？

5-6 開場的技巧：資料引用法

引用統計數據、引用報章雜誌、引述名
人名言

　　上台一開始，引用與主題相關的數據、報導、名人名言
或是圖像，立即吸引台下觀眾的目光，並樹立台上講者的專
業形象，這就是資料引用的開場。下面舉出三個例子，說明
如何操作資料引用法，以達到預期的目標。

引用統計數據

　　Cooper 是科技大廠製程工程師，最近因為景氣回升，公
司產能吃緊，上司希望他針對「如何提升產能」進行專案簡
報。Cooper 事先做了不少功課，一上台他是這麼開場的：

　　「各位主管大家早，今天簡報的主題是『如何提升產
能』。我們先來看一下幾個數字。

　　這是去年我們公司全年度的產能數字，全年度達到 100K
的數量，今年由於景氣回升，我們全年大約需要生產 180K，

才能符合客戶訂單的要求。從 100K 到 180 K，這中間接近一倍的產能提升，成為我們目前迫切要面對的問題。因此我打算提出以下的三種方案，來因應產能擴張的需求……。」

　　上述是一個標準資料引用的開場，因為談的主題是產能擴張，所以簡報者引述幾個產能的數字，帶出產能不足的問題。然後順理成章地連接簡報主題，也讓台下一開始就覺得簡報者是有備而來，加深專業印象。

　　不過在使用時要特別小心，不要引用過多的統計數字，只要一兩個關鍵的就好。一開始引用數據只是為了開場，不是為了說明細節，所以不論是數字、趨勢圖、長條圖或比例圓餅圖的引用，應保持簡單並與主題密切相關，然後快速切入重點，這樣才是好的資料引用型的開場。可別一開始就用了一大堆數字混淆觀眾，結果適得其反。

引用報章雜誌

　　除了統計數字，報章雜誌的報導經常是資料引用的來源。Scott 在金控集團擔任人資主管，畢業季時都會到校園舉辦徵才說明會。他希望藉由自己精彩的簡報，為公司招募到優秀的生力軍。因此在第一張投影片上，Scott 就秀出商業雜誌對公司的報導，並且說明：

「這是國內知名商業雜誌對我們公司的深入報導，評選我們為年度表現最佳企業之一，另外一篇報導提到我們是排名前十名的幸福企業。想知道如何加入這麼好的公司嗎？接下來的二十分鐘，我將為各位解答……。」

上面這個例子，以跟主題有關的雜誌報導作為開場，藉由具有公信力的第三方客觀且正面的評價，一開場就喚起觀眾的興趣與信任感。可以想像台下的社會新鮮人在聽到上述開場後，將非常專注地聆聽接下來的介紹。

有時我們會看到與「勞工安全」相關的講題，以意外事故的報導作為開場；而「投資理財」相關的講題，以投資或退休金準備的報導作為開場。不論是引用報紙、雜誌或網路報導，都要與主題密切相關。引用的方式要清楚明白，若引用文章內容，記得放大文字，或特別標示所引用的關鍵字，最好要說明資料來源，如報紙或雜誌的刊名、日期或期別，以符合資料引用的原則，有憑有據，才能令人信服。這是在引用報章雜誌時要特別注意的。

引述名人名言

引述名人名言，也是一種資料引用的方式。Michael 是知名財務顧問，專門提供客戶投資理財的專業知識。他在財務

課程一開始時，會先秀出股神巴菲特的大頭照，並用大級數的字體呈現一句巴菲特的名言：「風險是來自於你不知道你在做什麼。」接著說：「各位朋友，在今天的課程中，我希望大家能更清楚知道：你在做些什麼？要做些什麼？這樣才能真正降低各位投資時的風險……。」

由於主題是投資理財，一開場就引述股神巴菲特的話，無形中也為整場課程的可信度與專業度加分。在引述名人名言時，最好搭配大字流投影片，在螢幕上秀出所引述的話，還可以配上名人的照片，讓引述更加強而有力。

除了統計數據、報章雜誌、名人名言三種資料引用的開場法，另外還有一些變化形式，例如利用與主題相關的照片或影片剪輯來開場，也是很吸睛的做法。不論怎麼變化，要記得：重點不是引用了什麼資料，而是如何一開場就吸引台下的注意力，讓觀眾信任並對內容產生濃厚興趣。這才是資料引用法的真正目的。

企業推薦

福哥的心法，適用於各專業，今天福哥不「因步」，將畢生功力灌注於本書，希望讀者經過其洗禮，態度都能被激發出來，而態度決定高度，大家成為自身領域的山頭，不必彼此競爭，但能遙相欣賞，一起提升向上。

——中港澄清醫院耳鼻喉科　王冠欽醫師

5-7 開場公式123

開場1＋開場2＋3P（目的、過程與好處）

　　學了這麼多開場的技巧，真正上台時到底該用哪一招？在組合應用時，又該如何將這些技巧串連起來？在此提供「開場公式123」，上場前參考一下，它能幫助你在台上順利開場，不卡關。

什麼是開場公式123？如何運用？

　　開場公式123是指：開場1+開場2+3P（目的、過程或好處），即第一段開場加上第二段開場（前面介紹方法的搭配組合），然後說明目的（Purpose）、過程（Process）與好處（Profit）。透過以下範例，來看一下「開場公式123」的實際應用。

　　Gerry任職於一家行車記錄器大廠，他計劃拜訪新客戶，向客戶介紹公司所研發的最新機種V5行車記錄器。他應用了開場公式123，來進行他的簡報：

「各位好，在開始簡報前，我想大家心裡一定在想：V5 行車記錄器到底有什麼特色？消費者的接受度如何？以及在價格上是不是有競爭力？（**開場 1：自問法**）

根據 ABC 調查報告顯示，未來五年行車記錄器的銷量，每年將會有 20% 的成長！而消費者對行車記錄器的期待，依據統計是廣角、夜視、畫質清晰等功能。我們的 V5 系列，就是針對以上需求開發出來的。（**開場 2：資料引用法**）

今天來這裡希望帶給大家一些市場趨勢的資訊，並簡介我們最新研發的 V5 行車記錄器。整個過程將會分為四大部分，分別是市場分析、產品簡介、功能比較、實機操作，報告時間大約是 20 分鐘。希望提供充足的訊息，供大家未來採購時的決策參考。我們來看第一個部分……。」（3P〔**目的、過程與好處**〕）

在上面這個範例中，Gerry 先結合了兩種開場手法（自問法與資料引用法），來吸引台下的注意力。然後接著說明簡報的目的、過程與好處，讓觀眾清楚知道這場簡報的目的（提供市場資訊、簡介 V5 行車記錄器）、大綱與流程（四大部分。參見 3-9 什麼是流程投影片？），以及能有什麼具體的收穫（有助於採購決策），引發台下的期待。

開場公式 123 能套用在不同的上台場合中，且都有不錯

的效果。Tracy 是公司的內部講師,她準備教一門「認識財務報表」的課程,這個主題有點生硬,面對一群非財務背景的中階主管,她該如何開場才能打破現場沉悶的氣氛?她套用了公式這麼開場:

「大家看到這個主題心裡面可能在想:財務報表好枯燥,跟我有什麼關係啊?為什麼要上這個課程?今天講師會教些什麼?在學校從來沒接觸過,我聽得懂嗎?我知道大家心裡一定有這樣的懷疑!(**開場 1:自問法**)

可不可以先了解一下,現場有買過股票的人,請舉一下手。很好!請問後面舉手這一位,您在買股票時,會先看一下該公司的財務報表嗎?哦……不會,因為看不懂?!哈哈,您客氣了!不過這也是大家常遇到的問題,雖然知道財務報表很重要,但一般人都不容易搞懂。(**開場 2:舉手法與問答法**)

今天就是要幫大家解決這個問題,接下來的兩個小時,我們會教您看懂財務三大報表。整個課程分成三大部分:財報簡介、評判指標,以及案例分享。請不用擔心,我們用的都是生活上的實例,讓大家不僅可以看懂財報,未來也能夠應用在生活及投資決策上。我們來看看今天課程的第一個部分……。」(**3P〔目的、過程與好處〕**)

相信聽完這樣的開場，台下學員已卸下原本對於財務報表課程的「心防」，並對講師接下來安排的內容充滿好奇。

Why, What, How

在公式中的前兩個階段，可以運用各種開場手法，前幾章已有詳細介紹。至於第三階段的 3P（目的、過程與好處）則包含了：為什麼會有這一次的上台？（Why）過程中會講些什麼？（What）以及聽完之後能帶來怎樣的好處？（How）一開始，就要讓觀眾知道接下來會發生什麼事、預期達成什麼目標，以及達到之後能具體獲得什麼，這些都是台下關心的。開場時就要照顧到台下的需求，讓觀眾的心中有一張藍圖，這將有助於傳達及說服。

公式是死的，應用才是活的。在財務課程的例子中，也可以先操作「互動法」（現場有買過股票的人，請舉一下手），再接「自問法」（財務報表好枯燥，我聽得懂嗎？），然後是 3P 的說明。只要熟悉了，應用時便能千變萬化。

其實，基本公式就像武術的招式一樣。招式只是入門之用，最後還是要忘掉才能自在活用。《倚天屠龍記》中張三丰教張無忌太極，一開始張無忌記住七成招式，後來記住三成招式，到最後他苦思很久，把招式全忘光了，上場便能克敵致勝。這個基本的開場公式 123，讓練習時能有所依循，不

致迷失方向。等到熟練後，慢慢把招式忘掉，就能靈活應對各種上台的挑戰了！

企業推薦

別人一分努力就可以交差的事，福哥經常用十分的努力去追求完美。福哥這種「十倍投入」的精神，常常讓周圍的人有「百倍奉還」的驚豔！仔細研讀福哥《上台的技術》並付諸實踐，一定會讓你上台簡報的功力百倍增強！

——奇果創新管理顧問公司首席創新教練　周碩倫

有一種書是用翻的，翻完了，感覺自己買這本書的錢，亂花了！有一種書是要慢慢看的，看著看著，您學會了，薪水就增加了！

福哥的這本書，就是要慢慢看，看著看著，您學會了，上台表達與簡報能力提升了，薪水就增加了！

——希望種子國際企管顧問（股）公司總經理　林明樟

準備國家品質獎簡報時，我試著運用福哥所說：「好簡報要有故事性、強而有力的結構，將複雜事簡單說。」於是我用說故事來開頭，第一張投影片用媒體報導資料，內容結構條理清晰，感性理性兼具，果然評審放下紙筆專注聆聽，任務成功！

——國家品質獎得獎企業中國端子人資主管　黃秋萍

6

過程與結尾

6-1 先舉例，再講道理

翻轉順序，更有助於銷售

如果上台談的內容偏重專業時，最怕聽到長篇大論或是理論的引述，一旦出現這種情況，台下大概會聽得哈欠連連，訊息的吸收也有限。站在台上的你也許會反駁，這是無可奈何的事情，如果不先說明理論就跳到實例應用，沒有理論框架的支持，怎麼能把主題交代得清楚呢？

假設我們翻轉順序，先舉出實際案例，再分析其中的原理，就一定會讓台下聽得一頭霧水嗎？來看看以下的狀況。

先解說理論，再舉例

Jimmy 想跟公司同仁分享「客戶關係管理」（CRM）的觀念，希望同仁未來能善用公司的 CRM 系統，與客戶建立良好的關係，因此他特別安排了一場簡報，向大家介紹這個系統。若是依照傳統的做法，他可能會這麼說：

「CRM 又稱為『客戶關係管理』，是指管理公司與客戶

之間的交易關係，增進客戶的滿意度，其理論基礎在於：滿意的客戶會帶來更多的業績，而開發一個新客戶是維持舊客戶成本的六倍。因此，若能善加利用 CRM 系統管理好現有客戶，維繫良好關係，將有助於公司業績的提升。」

聽完上面這段說明，不難想像台下的同仁應該已開始感到昏昏欲睡了。這樣的闡述或許能讓大家對 CRM 有初步的概念，但因為內容較生硬，就算聽懂了也不可能留下深刻印象，更遑論自行建立與應用之間的關聯性。這時即使投影片做得再好，話說得再有技巧，台下吸收及理解的效果也十分有限。但如果 Jimmy 嘗試著翻轉順序，先不講理論或原理，而是舉一個實例，效果會如何呢？

先舉例，再解說理論

「在說明 CRM 是什麼之前，我想先舉一個實際的例子：有一位哈佛的教授，受邀加入拉斯維加斯一間賭場的經營團隊並擔任 CEO。他所面對的挑戰是：如何在不蓋新賭場的情況下，增加公司整體的績效。

他的做法是：透過記錄賭客在賭場消費的狀況，將賭客分為 ABC 三級，針對 A 級大客戶，賭場會優先將最好的房間留給他們，並有專人招待及服務，建立 A 級客戶與飯店間的

深厚關係。針對 B 級客戶，則提供積點誘因，告知目前差多少金額就可以免費升級，提高消費次數及消費額。而針對 C 級客戶則提供一般服務。

透過這樣的客戶關係管理系統，整體營業額提高了 50%，現在，我們來看看在這個實例中，運用了哪些 CRM 的理論……。」

兩相比較之下可以看出，現在 Jimmy 雖然沒有談什麼「大道理」，但透過一個例子（或個案），他將複雜、抽象的理論具體化，並等到講述完實例之後，才回頭去說明其中印證了什麼原則。這絕對比一開始先解釋理論，再舉例說明來得清楚易懂，因為只要聽懂例子，就不難理解背後的原理。

為了銷售上台，更要這麼說

這種手法不僅在專業說明時大有幫助，在與銷售有關的簡報中也能發揮其威力。例如你想跟客戶介紹公司的服務，其實並不需要細數貴公司的服務項目有多少，服務品質有多好，只要提出一項過去成功的服務案例，並向客戶交代一下經過與結果，就足以證明貴公司的實力了。

這時，案例的挑選是一個重點，既要切合主題，也不能太沉悶，這就要靠平常的準備及資料蒐集。台上一分鐘，台下十年功，這就是「十年功」必須做的功課了。

6-2 強化觀眾記憶的三大原則

刻意規劃，讓內容重點過目不忘

不曉得你有沒有類似經驗，剛聽完一場簡報或演講，感覺很豐富，台上講者的表現也十分精彩。可是靜下來回想，似乎除了生動有趣之外，好像也不記得任何內容重點。

精彩度滿分，內容印象卻零分？

有一次我參加一場產品說明會，便有這種感受。主講者 Zoe 是 LED 大廠的行銷經理，台風穩健，又很熟悉產品，整場說明會生動活潑、幽默風趣，台下觀眾笑聲不斷，場面非常熱烈。中場休息時我與幾位來賓談起說明會的內容，想知道大家印象最深刻的是什麼。沒想到除了「精彩」、「有趣」、「故事生動」、「蠻有意思的」這些形容詞之外，來賓似乎沒有辦法說出任何內容重點，更嚴重的是，關於產品的特色及賣點，每個人的印象居然大不相同。Zoe 若是知道台下觀眾的反應，一定會很驚訝：「我在台上表現得不錯啊！怎麼會

這樣呢？」

出現這種問題，往往是因為講者忘了思考一件事：如何幫助觀眾抓到記憶的關鍵點？有些簡報、演講或課程從頭到尾 high 翻全場，觀眾只把注意力放在講者身上，結束之後反而不記得整場的內容重點是什麼。

第二章提到在上台前的準備階段，應先分析觀眾的需求，了解觀眾想聽什麼。一旦知道台下對什麼有興趣、結束時希望能有什麼收穫，你在台上的表達就應該朝這個方向努力，幫助觀眾抓住記憶的關鍵點，獲得更多他們想要的，且更深刻地記住。

強化觀眾記憶的三大原則

若不希望觀眾回家之後就忘了你或是你在台上談的內容，可以參考以下強化記憶的三大原則，讓觀眾記得你的精彩表現，也記得你所傳達的重點。

1.少即是多

不論內容有多少重點，請把它濃縮成三至五個。最好遵循「三的黃金法則」，畢竟人的記憶力有限，三個重點是大腦容易記住的數量。如果內容真的太多，也務必將重點濃縮在五個之內。問問自己並思考一下，如果你希望觀眾只記得

三個重點，那麼會是哪三個？這個問題能幫助你有效篩選。

請記得「少即是多」，重要的不是你說了多少，而是台下會記得多少！如果全部都是重點，就等於沒有重點。我曾在某場演講，把簡報的修煉切成三個階段，從「見山是山」、「見山不是山」，到「見山又是山」，然後每個階段再各自提出三個建議。幾年之後，許多參與的學員都表示還記這三階段。相信我，如果觀眾能記住台上想傳達的三個重點，表示你已經做得很好了！

2.投影片強化

有些投影片技巧很適合用來強化重點，例如大字流（高橋流）的手法，可以透過很大的關鍵字呈現出重點；大綱或流程投影片可以讓觀眾掌握提要，知道今天台上要談的內容架構，現在談到哪個要點；而結尾投影片則能夠再次加深觀眾對重點的印象。

當然，有些視覺印象強烈的圖片，加入適當的關鍵字或標語後，也很適合用來強調重點。記得！先濃縮要強調的重點，然後運用投影片強化它。像上面提到簡報修煉的三階段，我在演講時就以大字流的投影片，黑底白字，搭配很大的字體來強化它。這三張投影片同時也發揮流程投影片的功能。

3.多重複幾次

不要害怕重複！開頭先揭露有哪些重點，每一段落則將單一重點個別整理一次，到結尾時再總結全部重點。講的次數夠多，觀眾的印象就會夠深。

賈伯斯在 iPod 上市發表簡報時，一開始就提到 iPod 的輕巧可攜，中間談到 iPod 的三個重點，也舉出輕巧可攜的特性，並且搭配大字流投影片加以強化。結束時賈伯斯總結它的「超級」輕巧可攜，然後從口袋中拿出一個 iPod 來，就在眾目睽睽之下證實這一點。在多次且多樣的重複後，觀眾記住了 iPod 的高度可攜性，想忘都忘不了。這就是重複的力量！

不管演講或簡報有多精彩，觀眾若是記不得重點，船過水無痕，你的努力就白費了。所以不要期待觀眾的記憶力，而是你應該事先就規劃好，在台上幫助觀眾輕鬆記憶。只要遵循「少即是多」、「投影片強化」、「多重複幾次」三大原則來規劃，觀眾一定能記住內容重點，認同你的觀點。想要發揮強大的上台影響力？就從這裡開始，讓觀眾記得你與你的重點！

6-3　當台下觀眾不再是被動的
　　　角色……

如何運用進階互動技巧的討論法？

　　如果上台的任務，是偏重教育性質的訓練或演講，或是想要追求更多互動的簡報，那麼討論法是種能讓現場氣氛更熱烈，且真正動起來的方法。如果操作得宜的話，將對觀眾產生很大的影響力。實務上它通常是怎麼運作的呢？

運用討論法炒熱現場氣氛

　　Irene 是外商銀行的理財專員，經常受邀到學校演講，向青年學子們分享理財的重要性。由於學生還沒出社會工作，理財的經驗也不多，若只是談理財觀念，學生們不容易有深刻的感受。若是進行問答法，又怕學生理財實務少，得不到足夠的回應。在這種情況下，應該怎麼做才好？

　　她選擇運用討論法！演講一開始，她先問台下，聽過那些理財工具？請學生將答案寫在白紙上。寫好之後，再進一步請大家與鄰座同學討論：一般最受歡迎的理財工具是哪一

種？為什麼？

只見現場騷動起來，傳來此起彼落討論的聲音。在限時討論結束後，她邀請幾位同學，發表他們剛才討論的意見與結論。接著 Irene 根據自身專業以及從業多年的經驗，帶領台下學生逐一分析不同理財工具的適用性。

在一大型會場進行分組討論的情況。

這是討論法在操作上的真實案例。現場可以看到在討論及分享的過程中，台上、台下以及觀眾彼此之間，有了更多交流的機會。觀眾的任務不再局限於聆聽，還增加了思考、記錄想法、與旁人分享以及交流討論等。這是非常進階的互動技巧，台下觀眾的角色不再只是被動的訊息接收者，而是翻轉成為主動的意見闡述者。

我曾經在某場演講現場，看到趨勢科技創辦人張明正先

生在台上操作大型討論。他一站上台並沒有口若懸河地發表演說，而是先向觀眾拋出一個問題：「您覺得一個好的組織需要具備哪些特質？」請他大家提供想法，並將各式各樣的意見匯集起來，寫在白板上。接著他再問台下：「哪一項最重要？」邀請台下觀眾發表見解，最終再補充自己的看法。現場台上台下交流的氣氛非常熱烈，是討論法很成功的操作示範。

操作討論法的基本功

當然，討論法要操作得好，除了具備豐富的臨場經驗，深入了解主題也是必要的條件。因為台上要根據觀眾的答案給予回應，並能夠隨機應變，還要適時補充重要的觀點及建議，所以這算是比較有挑戰性的進階技巧。如果運作良好，會讓自己上台的效果大幅提升。以下幾項細節，值得你未來在操作討論法時特別留意：

1.題目要清楚

最好把討論的題目直接呈現在投影片上，讓台下一目了然。如果你聽到有觀眾問：「我們現在要討論什麼？」那就表示你的題目不夠清楚！另外題目的定義也要清楚明白，最好一個題目只討論一個核心主題，例如「一個好的組織需要具備哪些特質？會由哪些人組成？」已經分散成兩個主題，便不算是一個清楚的題目。

2.時間要抓緊

討論時要控制時間，並且把時間抓得緊一點，寧願稍稍不足，也不要一開始就放得很鬆。在討論時最好不斷提醒大家剩餘時間，塑造一點急迫感，讓台下專注在討論上。如果觀察到大家真的討論不完，再適時延長時間即可。

3.討論要記錄

最好請大家把討論的成果寫下來，個人可以寫在白紙上，小組討論則是寫在大張壁報紙上。這不只是紀錄，更是聚焦成果，且能激發更多的創意。討論小組的規模大小視現場人數而定，一組安排二至六人皆可。如果小組人數過多，會造成有人無法參與，討論效果就會不如預期。

4.討論後要發表

討論結束後，台上主講者應該邀請觀眾發表，跟大家分享集思廣益的成果。這麼做除了創造雙向交流，也可刺激觀眾在討論時認真投入。因為知道有機會公開發表，便會把討論當一回事，積極參與。

5.結合獎勵機制

如果可以結合獎勵機制（參見 6-4），小組熱烈討論的情

況有時會超過你的想像，踴躍舉手發言的程度，甚至會讓你驚呼不可思議。

　　我曾經在一場針對傳產主管的演講中，把壁報紙貼在牆上，帶領大家用小組討論的方式，在牆上畫出公司的策略草圖；也曾經面對一群大學生，現場主導活動企劃的討論，並要求現學現用，氣氛均開放而有活力。這裡要再次強調，討論法有點難度，需要實地操作過幾次或找人指導，比較能夠確切掌握要訣。如果你已具備足夠經驗與信心，建議挑選適當機會開始挑戰進階的上台技術。

企業推薦

　　「一種立即改變的福式簡報技巧」，這不是我說的，而是每年數以千計的百大企業學員的第一手回饋。如果你還沒機會親臨課堂受教，今天給自己一次機會閱讀此書，明天你會成為職場上最亮眼的巨星。

——太毅國際顧問公司執行長　林揚程

6-4 準備小獎品，讓現場氣氛活潑有趣

透過獎勵機制，營造台上台下良好互動

上台的情況大部分是單向的，也就是台上說，台下聽，很正式，但也有點乏味。經常有人私底下問我，要怎麼做才能與台下有更多的互動？如何讓觀眾積極參與，而不是講者一個人在台上唱獨腳戲？在這裡建議你：準備一些小獎品！

獎品的催化作用

如果沒有親眼看過，你恐怕很難想像上市公司的高級主管，會為了想贏得一個小禮物而忘我地投入課程的活動中；你大概也很難相信，在一場觀眾超過百人的演講，現場一半以上的人都舉手搶著發言，只為了爭取一個積木遊戲盒。這些都是我的親身經驗，有了小獎品的催化，台下的動力和氛圍會產生意想不到的轉變，從原本要不斷鼓勵才有人願意發言，瞬間變成必須請大家冷靜一點，注意舉手發言的規則！這樣的小獎勵機制，在授課時有效，在演講中有效，事實上

如果精心策劃，簡報主題較輕鬆時也能引發熱烈的互動。

為什麼台下舉手那麼踴躍呢？就是為了爭取小獎品！

　　Danny 定期在公司內部進行宣導工作安全的簡報，以提高同仁的安全意識。這個主題雖然很重要，但畢竟有些枯燥，常見學員們哈欠連連。後來 Danny 向公司爭取一點預算，每次簡報都準備精美的巧克力，作為有獎徵答的獎品，並設計好遊戲的規則。從此以後同仁們主動舉手的意願大幅增加，整場簡報也變得活潑起來。

　　Michelle 是百貨集團的內部講師，經常要上台進行專櫃人員的教育訓練。由於大家平日工作忙碌，上課時難免顯得精神不濟，常有人聽課聽到打瞌睡。Michelle 採取的對策是，準備記事本當作小獎品，並在課程中加入互動討論及演練，最後以全體投票方式選出表現優異的小組，頒贈獎品以資鼓

勵。結果她發現上課氣氛大幅改變，學員不一定是為了獎品，部分基於榮譽感，部分也覺得有趣好玩，因此樂於積極參與。小小的投資，卻帶來大大的改變，她覺得十分有用。

設計有效的獎品機制

從上述實例中看到獎勵機制能有效改善互動氣氛。當然，獎勵機制必須事先規劃，不是提供獎品就會自動產生效果。要如何規劃並正確操作，才能有效增進現場的互動？

1.獎品具像化

獎品不用大，但最好是具體且看得到的，例如巧克力、筆記本、鑰匙圈、積木、小玩具，也看過有講者準備書籍、T-Shirt，甚至是化妝包作為禮物。獎品不在於大小或價格，主要是當作標的物，讓台下有一個追求的目標。

2.事先公布

一開始就公布獎品，激勵台下認真參與。事實上，觀眾未必是想獲得獎品，而是這樣的「刺激」能創造動力，幫觀眾找到參與現場互動的理由。這才是獎勵機制的核心！

3.立即或累積獎勵

立即獎勵的做法比較簡單，例如只要有人舉手回應問題，

就馬上給予獎勵；累積獎勵則是先提供積點卡或撲克牌，等到最後才依累積的分數頒獎。前者較適合個人獎勵，後者較適合團體獎勵，兩種方式都可行，只要事先規劃好即可。

有一次我到一間跨國企業做提案簡報，一進門就感受到一股不算友善的氣氛。台下的主管們是我未來要指導的學員，個個雙手交叉在胸前，等著看我要說什麼，大概也準備了問題要「拷問」我。一上台我便說：「我今天不是來簡報，而是要將未來教學的情況，在現場做一次真實的呈現。我準備了一些問題，待會要請大家討論及回答，我也帶了小獎品要送給回答品質最佳的主管。」就在台下還有點驚訝時，（以為來聽簡報，怎麼開始正式上課了？）我提出了第一個問題，立刻有人搶答，第一個獎品送出！然後是第二個難一點的問題，再接一個小組討論的題目……。就在大家手忙腳亂，全心投入時，只見負責訓練規劃的人資專員滿臉笑容地對我比了一個讚。

越是專業、甚至是無趣的上台主題，越是需要規劃一些互動，來改變現場沉悶的氣氛。適當的獎勵機制就是鼓勵台下參與投入的好方法。由於大家平常已習慣台上單向的說明，若想透過獎勵營造良好的互動氣氛，是需要一些規劃和練習的。等到實際操作過幾次之後你將會發現：這個方法帶來的效果遠遠超出想像！到時候也請記得與我分享你的寶貴心得哦！

6-5 「說」出正確的肢體語言

關於手的位置、眼神的接觸、聲音表情與動作

很多人上台後經常感到手足無措，不曉得手應該放在哪裡？腳應該怎麼站？又從書上讀到肢體語言的重要性，例如 7/38/55 定律（7/38/55 Rule），也就是「旁人對我們的觀感，7% 取決於內容，語氣及手勢占 38%，而有 55% 取決於我們的外在形象」。看到這裡心就更慌了！如果上台談的內容很專業，也必須注意肢體語言嗎？

先澄清一下 7/38/55 定律，這項研究的重點並不是說肢體語言比內容重要，而是在探討一個現象：當內容與肢體語言「不一致」時，人們傾向相信肢體語言所表現出來的訊息。例如當我們在台上說著自己對提案很有信心，但是眼神不敢看台下，語氣低聲微弱，手又無力地垂在兩側。此時台下觀眾很難從這樣的外在表現，看到我們對提案內容的信心。

利用肢體語言輔助
說明，並且傳達出
你的信心。

一致性的肢體語言最重要

「一致性」就是肢體語言研究的核心，以表裡合一的肢體語言搭配充實的內容，才能完整表達出我們想說的，並讓台下信服。上台時要如何做才能達到這種一致性呢？以下有幾個建議：

眼神

要「看著觀眾講話」，與觀眾保持視覺接觸，不要死盯著投影片不放。當然，也不建議只針對單一對象講話，記得目光適度分配在左、中、右的視覺停留點。堅定的眼神會讓人感受到你對內容的信心，這其實是肢體語言最重要的一個部分。（參見6-6）

聲音

這是第二個重點，你的聲音是否堅實有力？夠不夠大聲？記得一致性，讓觀眾從你的聲音中，感受到你對內容的高度信心！

在抑揚頓挫之外，最常見的問題是聲音過小，讓人感覺膽怯。改善方式是，把你平常講話的聲音再放大一倍，才是上台說話的適當音量。

手勢

有時過多的手勢，反而會讓台下眼花撩亂，建議把手放在腰部以上，適時作一些輔助及強調（如握拳、用手指示等），當然如果是比較輕鬆的主題，彈性可以比較大。

要特別注意：手不要插口袋，不要環抱胸前，或是單手抱著腹部。這些姿勢都會讓人覺得不夠自然，充滿防衛心。如果可以的話，看著鏡子做練習，或是把自己說話的樣子錄起來，透過觀察、改善、不斷練習，讓自己的手勢更恰當且自然。

站位

許多人看到賈伯斯在台上自在地走動，就以為一定要移位才對。但大家可能沒注意到，賈伯斯是因為舞台比較寬，為了照顧到所有的觀眾，並讓現場感覺活潑一點，才適度地

移動站位。而且他每走一段，就會有一個定點，並不是漫無目的走來走去。這是要特別注意的！

如果只是在小會議室報告，建議毋須走動，只要找到一個不會擋到螢幕的適當位置（一般是在右前或左前方），站直身體說明內容即可，千萬不可無意識地動來動去，那會讓觀眾覺得你很焦慮。關於上台需要走動的場合，之後會專門討論走動的目的與方法。（參見 6-7）

穿著

穿著的重點仍然是「一致性」，你該怎麼穿端視場合與觀眾的性質而定。如果是正式的場合，女性穿著套裝、男性穿著西裝應該是安全的。有時視觀眾的屬性做一些調整，也會有不錯的效果。

我曾經在知名軟體公司授課，台下每個人都穿著 T-Shirt及牛仔褲，就只有我一身西裝筆挺站在台上，感覺格格不入。於是下一次我就脫掉西裝，改穿 Polo 衫，果然現場氣氛更融洽了。依主題及現場來調整穿著，才能幫你的外在形象加分。

在專業的場合中，重點不在表演，不在誇張，而是透過一致性的展現，讓肢體語言與內容緊密結合，相互輝映，讓你在台上的表現充滿說服力，這才是正確且漂亮的肢體語言啊！

6-6 看著觀眾講話

掌握四個小技巧，馬上擁有專家等級的眼神接觸

　　肢體語言多少帶有個人風格，能讓 A 講者在台上散發魅力的做法，未必適合 B 講者。不過，有一個技巧是所有優秀講者與簡報者都在用的，那就是：看著觀眾講話！

　　「看著觀眾講話」似乎是理所當然的一件事，與他人溝通時，本來就應該看著對方講話。然而不知什麼原因，一旦站到台上往往就變了調。

　　在沒有電腦與投影片的年代，站在台上看的是手上的稿子，或是自製的投影片。後來電腦與單槍投影機出現了，站在台上時便把目光盯在電腦螢幕上。許多人只是把手上的「小抄」，變成了螢幕上的「大抄」。也許是緊張，也許是對內容不夠熟悉，結果都忘了基本而重要的事情──看著觀眾講話！

　　拜網路之賜，現在能觀摩到成功講者的影片，並進一步分析其特點。例如賈伯斯除了有高超的簡報技巧外，更重

要的是他全程都「看著觀眾講話」。美國總統歐巴馬，除了擁有極具煽動力的演說才能，大部分時間也是「看著觀眾講話」。許多 TED 講者，像是羅賓森爵士談教育，或是 TED 創辦人克里斯‧安德森談網路影片與創新，不論有沒有使用投影片，他們一定也都把目光集中在台下觀眾的表情與眼神上。「看著觀眾講話」讓人感受到台上講者的真誠。

相較之下，當提姆‧庫克（Tim Cook）剛接任蘋果執行長的第一次上台時，可能因為壓力加上不習慣，他的眼睛總是注視著台下的提示螢幕，一直到最近幾次上台，才能自在地看著觀眾說話。知名 TED 講者也是美國視覺行銷大師理察‧聖約翰，曾經談過「成功的八個祕訣」，雖然內容十分精彩，但因過程中要透過電腦按鍵切換投影片，造成視線不停在觀眾及電腦螢幕間來來回回，可說是美中不足之處。等到第二次登上 TED 講台時，他自己帶了簡報控制器，除了操作更順暢外，也保持與觀眾的視線接觸。

「看著觀眾講話」說起來簡單，做起來並不容易。特別是在快節奏的簡報時，要注視著觀眾，又要流暢地切換投影片，還不能回頭看螢幕，真不是件簡單的事！以下提供幾個小技巧，只要確實做到，下次上台時你也能改善無法與台下有眼神接觸的問題。

記住流程

要做到直視觀眾說話，第一件事就是記住流程！把上台的每個流程及段落都記起來，如果使用投影片，必須做到不用回頭看也知道下一張是什麼。

這沒有想像中困難，我指導過的學員們大都能在十分鐘左右，記住十五到二十張投影片，然後上台時直視觀眾，不需回頭看地講著專業的簡報內容。只要花點時間，事前多練習幾次，你也可以做得到！（參見 4-2）

設置同步螢幕

TED 的講者或是賈伯斯上台時，他們的腳邊其實都有一個輔助螢幕，同步顯示目前畫面上的投影片，讓他們就算一直面對著觀眾，也能知道畫面是否切換正確。

這裡可能會出現一個疑問：你並沒有同步螢幕的設備啊？當然有！就是你自己的筆記型電腦。一般觀眾看的投影片內容是由投影機投射在大螢幕上，而你可以稍微調整一下筆電螢幕的角度或是擺設的位置，讓眼角餘光看得到螢幕。如果場地條件有限制，無法用餘光看到筆電的螢幕，也可找一個現場會反光的鏡子或金屬，勉強做到類似的效果。

請注意！同步螢幕只是用來提示而已，讓你可以看著觀

眾講話，並減少回頭確認投影片的次數。千萬別反客為主，一直盯著同步螢幕看，那就完全失去作用了！

別用雷射筆

回想一下賈伯斯或 TED 講者的簡報，有人使用雷射筆嗎？答案是：沒有！

因為若是要用雷射筆，講者必得回頭看投影片（總不能不看就比吧？），於是便無法跟台下觀眾保持目光的接觸了。而且若需要用到雷射筆，表示投影片上可能資料過多，得靠雷射筆的指引，這也不符合好的投影片原則。

思考一下，在不用雷射筆的情況下，如何簡化你的投影片？如何把重點標示在投影片上？如何讓重點逐漸出現？更重要的是如何看著觀眾講話，而不是看著投影片？不用雷射筆將會大幅度增進你上台的技巧（參見 7-6），你可以馬上試試看！

規劃視覺接觸點

有時候台下觀眾比較多，又無法一一看著每個人，要怎麼看著觀眾講話呢？在這種情況下，要先規劃幾個視覺接觸點，每次看著一個區域講話，讓台下感覺你照顧到所有人。

最簡單的方式是把台下分成左、中、右三大區域，講話

時每次看著一個區域，大概維持個十秒上下，記得要有定點，專注地對他們說話，然後目光再轉換到下一個區域。以這樣的方式觀照全場，讓台下所有觀眾都覺得你是看著他們說話。

有機會可以觀察一下你心目中上台技巧高明的專家們，他們有沒有看著觀眾（而非看著投影片）說話。你能想像賈伯斯或是 TED 講者，他們站在台上一樣說著精彩的內容，眼睛卻沒有看著台下的觀眾嗎？那效果會有多大的落差啊！

「看著觀眾講話」是上台一定要具備的基本功。如果能花點工夫練習應用上述四個小技巧：記住流程、設置同步螢幕、別用雷射筆、規劃視覺接觸點，你馬上就會擁有專家等級的上台技巧。相信我！沒有那麼難的，你試了就會知道。

6-7 Move or Not Move

站立與移動的原則

　　自從蘋果式的簡報風格引領潮流後,大家似乎越來越習慣在台上走動。某一場蘋果公司開發者大會(MMDC)中,除了新的 OS 與開發者工具外,我還看到許多在台上「走來走去」的簡報者,整個過程中似乎都找不到一個定點。

　　或許有人會說:「賈伯斯就是這麼做的啊?」為了確認這件事,我找了幾段賈伯斯過去的簡報影片,觀察後發現,沒錯!賈伯斯會在台上「移動」自己的「站位」。他先站在某定點,講了一段話之後,再移動到下一個定點。這種「移動站位」的做法,讓全場觀眾感覺受到講者的注視。此外,賈伯斯在移動的時候,速度是慢的,走到一個定點後便站立,並不會在台上走來走去,甚至給人焦慮的感覺。由此可知,「移動」跟「走動」是截然不同的兩件事。

大型場合的移動原則

如果遇到比較大型的場合，如大型簡報、說明會、演講，或是大教室教學的現場，講者當然可以適度地移動站位。若把台上講者想像成一支點燃的火把，移動的目的便在於：讓坐在不同位置的觀眾，都能感受到講者的「光」與「熱」。因此，在較大的舞台上，講者若能在左、中、右之間做適度的移動，側邊或外圍的觀眾便不會覺得被忽視，能更投入台上所談的內容中。對於講者而言，這是重要且有效的技巧。

移動時，記得要有「定點」，也就是移動到某位置後，要站定並看著台下的觀眾，面對他們說話。這樣才能讓這一區的觀眾感受到你的關注。移動本身並不是重點，站位定點的轉換才是。如果台上只是盲目地走來走去，與台下也沒有視覺接觸，反而會給觀眾焦躁不安的印象，這樣的走動毫無意義。

小型現場與教室的站動原則

如果是比較小型的場合，例如在公司的會議室對上司簡報，建議你不要移動，應該要挺直腰桿站定，面對著台下說話，讓觀眾感受到你的自信與穩定。若想面對不同的觀眾說話，只要轉動腰部面向不同的觀眾即可。千萬不要無意識地

動來動去（緊張時，偶會出現的反應），那會給人不穩重或沒自信的印象。

如果在教室或授課現場，移動站位便是一項重要的技巧。例如分組討論時，講師不應該只是站在講台中央，或者躲到講桌後面，而是要走入小組中，對坐在不同位置的學員表達關注。講師越接近學員，教學的熱情越能感染台下。因此若發現學員不夠專心或是沒有聚焦在現場，便可以朝他們走近，站定後對著某一區學員講話，你會發現移動位置的技巧能有效提高教與學的熱度。但請記住，移動後要站定，千萬不能搖來晃去！

當然，也不是非得走動不可。某些場合備有講桌與固定式麥克風，這時講者就只能站在講桌後面。但也可視現場狀況而定，看看能否使用無線麥克風。有時只是稍微離開講桌，現場的氣氛就會產生微妙的變化。找機會親自實驗一下，你將會有驚喜的感受。

事先規劃動線

根據個人經驗，上台之前我會先觀察一下現場，並規劃上台後移動站位的路線。想像待會要往哪裡走？怎麼走？如果現場有投影機，要注意避開投影機投射的範圍，有時我們站的定點，會擋到投影機的畫面，自己卻沒有發現。記得找

出幾個定點，確定所站的位置夠亮，不會讓臉黑成一片。這些都是站位與移動規劃要事先考量到的。

　　總結來說，移動站位的目的在於讓台下不同位置的觀眾都能感受到台上講者的關注與熱情。重點在於站位的轉換，不是移動的過程。要找到一些定點，停下來面對觀眾講話，然後再自然地移動到下一個定點。不要不自覺地走動，或是有點焦慮地走來走去。如果在小型會議室，就挺直站好，轉動上半身面對不同的觀眾即可。

　　最後記得事先規劃好動線，要站在亮的地方，可以的話離開講桌，變化一下現場氣氛。這些都是站位移動或轉換時，值得注意的細節。

6-8 生動的感官輔助道具

運用影片法，讓影像說明一切

　　上台時，如果有播放影片的需要並運用得當，可以帶來畫龍點睛的效果。像是全世界蘋果迷期待的產品發表會，除了講者精彩的表現外，簡報中總是會安插一些影片，讓發表會更具說服力，節奏更明快有力。身為專業工作者與上班族的我們，是否能夠加以效法，以簡短的影片提升自己上台的技術層級呢？

畫龍點睛的影片法

　　Carry 是連接器大廠的業務代表，對新客戶簡報時，經常會提到產品的生產流程。他以往的做法就是秀出一個流程圖，再中規中矩地補充幾張照片，由於沒有什麼新意，客戶看了也未能留下什麼印象。

　　對此 Carry 不甚滿意，他希望能夠有所突破。於是，他徵得公司同意，把產品生產流程拍成一段一分鐘的影片，並加

上重點字幕與簡單配樂，然後嵌入簡報中。他發現每當他播放影片時，就能看到客戶的眼睛為之一亮。儘管沒有去到工廠的生產線參觀，客戶也能透過影片目睹真實作業流程，無形中對公司的產品產生信心。Carry 提案的成功率也比過去增加了 50%，這都是影片法帶來的具體成效。Carry 不必花長篇大論去描述，只要影片一放，影像便說明了一切。

影片是生動的感官輔助道具，然而很多人並不喜歡甚至害怕穿插在簡報或演講中，因為影片經常也是問題的來源。播放時往往要先中斷投影片，然後點擊影片檔案，之後再切回原來的投影片。有時候換了一台電腦，影片就無法播放，或是出現沒有聲音、影片格式不符的狀況。上台時，如何確保影片順利呈現，相信是不少人心中的疑問。

內嵌影片的三個基本動作

理想的做法是：將影片內嵌進投影片中，並設定成自動播放。當投影片來到有內嵌影片的那一張時，不必跳離，也無須按下任何按鍵，影片就會自行播放；等到影片結束後，也會順暢地切換到下一張投影片。在這種理想的情況下，相信只要主題與時機適宜，你也會樂於讓影片代你發聲。以下是相關做法的步驟說明：

1.影片來源

先將影片抓到個人電腦中,如果影片的來源是 YouTube (務必留意版權問題),可透過免費下載影片的網站或使用相關的影片下載工具,將影片先抓到電腦中。

用軟體下載影片,並先存入電腦。

2.轉換檔案格式

PowerPoint 支援最好的影片格式為 WMV,因此要將檔案轉成 WMV,然後才進行內嵌。例如可以用免費的影音轉檔軟體來進行格式轉換與剪輯(透過 Google 搜尋,可找到相關教學)。

將影片轉為WMV
格式並剪輯。

3.內嵌影片

　　打開投影片，做一張全黑的畫面（記得要用全黑，不要
有背景或公司 Logo 等，讓影片播放時單純而專業），點選插
入影片，並且記得選取自動播放，再將影片拉大到全螢幕大
小，這樣就完成影片內嵌的動作了。

將影片嵌入投影片
中。底圖全黑，並
選自動播放。

四個小叮嚀，讓影片內嵌更順利

基本上就上述三個基本動作，並不算難。為了確保影片內嵌順利，在此提醒幾件事：

1.影片目錄

如果有跨電腦使用的需求，最好將影片集中放在 C:\PPTVideo 中（檔名可以自定，但是一定要在 C 碟的根目錄中）。因為影片嵌入投影片後，事實上只是建立路徑的連結。如果換了電腦路徑改變，很容易發生影片無法播放的慘劇。很多人習慣把影片存在桌面，但每台電腦桌面的絕對路徑未必相同（我試過在 PowerPoint 2003 使用相對路徑，但是沒有成功）。所以解決之道就是將影片放在 C:\PPTVideo 中，換電腦時請記得將這個目錄裡的影片複製到新電腦的 C:\，才可避免因路徑錯誤而無法播放。（如果用 Mac keynote，影片會包入簡報檔中，可省去這個步驟。）

2.事先測試

事先測試是絕對必要的。根據經驗，除了播放會出狀況，播放影片還有音效的問題，例如有畫面沒聲音，或是沒接擴音喇叭，或是聲音無法透過麥克風播放出來。無論如何，之前一定要全面測試，以確認每個環節的效果，保證正式上台

時萬無一失。

3.插入提示

在影片出現之前，可以仿效賈伯斯的做法，插入一張寫著 Video 的提示投影片。觀眾一看到這張提示，就知道接下來要播放影片了。你也可以先口頭說明，然後再按一下，影片就會自動播放。這樣是不是十分流暢而帥氣！

4.時間要短

請記得，影片不是重點，你才是！因此不要把整個上台的時間，變成了電影欣賞。影片只是一項輔助，事前要剪輯與取捨，保留精華的段落。七八分鐘的上台，影片可維持在一分鐘以內；若到三分鐘以上，就占去太長的時間。

你也許會覺得內嵌影片要額外花許多時間，自己又不是科技人，沒必要這麼做。然而，當你站在台上無論是演講或簡報，就在影片播放出來的那一刻，你看到觀眾全神投入與欣賞的表情，你會知道一切辛苦都是值得的。

6-9 點燃上台的熱情！

從A到A⁺，兼具專業力與感動力

有時候看到台上的講者或簡報者，擁有扎實的專業，口語表達十分流利，也知道運用一些上台的技術，例如開場、互動、案例故事……，來吸引觀眾的注意力，內容架構一目了然，也說得清楚明白，投影片與其他視覺輔助都很到位。然而在看似無懈可擊的表現下，卻給人少了一點什麼東西的感覺。

還缺少什麼？

站在台上進行簡報演練的 Terry，外型高大，台風穩健，已經是知名科技集團的內部講師，經常有機會站上講台授課，指導同仁工作的專業知識與技巧。上台經驗豐富的他，整體表現很不錯，但坐在台下擔任教練的我，總覺得他缺少了某項重要元素，遲遲無法給出很高的評價。

在簡報的演練結束後，Terry 問了我的意見。我思考了一下，有個聲音從心裡湧現：他缺少的是——熱情！

是的，如果只看技術層面，他已經是面面俱到。不過可能因為經常上台，一切顯得有些公式化，上台對他而言成了稀鬆平常的一件事。他的表現在水準之上，但整體平淡無奇，看不到什麼亮點，因此感覺起來雖然頗為專業，卻沒有辦法令人感動。這就是 Terry 目前的瓶頸。

什麼是上台的熱情？

「難道每次上台都一定要很 high，才叫有熱情嗎？」Terry 有點不服氣地反問我。

「熱情不是 high，而是一種全心投入，燃燒自己並感染別人的狀態。」我試著說明。當然，不論我怎麼說，都很難解釋得清楚，因為熱情是一種言語難以描述的狀態。你可能看不到，但觀眾可以清楚感受到。儘管不容易解釋，我倒是知道許多上台充滿熱情的例子。

TED 講者，也是知名指揮家班哲明・詹德（Benjamin Zander），在一場談音樂的演講中，並沒有教大家太多古典樂的專業知識，只是全心投入地帶領觀眾體驗古典樂的美好。他在過程中說了一句令人感動的話：「除非現場每個人都能熱愛並欣賞古典樂，否則我絕不罷手！」這種態度，就叫作

熱情！

　　台大電機系副教授，也是創新教學及翻轉教室的推動者葉丙成老師，為了激發更多老師運用創新的教學手法，並點燃他們的教學熱情，他經常四處巡迴演講。即使熬夜製作投影片，在睡不到兩個小時的情況下，隔天還是拿起提神飲料一飲而盡，精神奕奕站上舞台，活力四射地分享他的教學經驗。這種精神，就叫作熱情！

　　知名企管顧問，也是暢銷書作家謝文憲老師，上台授課長達 10 年，時數累計超過 9,000 小時。他每一次上台授課都是活力充沛，影響力十足，讓台下觀眾又哭又笑，心中充滿感動。他曾說：「要把每一次上台，當作第一次上台般盡心，也當作最後一次上台般盡力。」這種全心全力的投入，就叫作熱情！

熱情，讓你從A到A+

　　回想我自己，每一次站上台之前，總是扎實而認真地準備。從觀眾的需求出發，使用便利貼組織自己的想法，再轉化成一張張易理解的投影片。然後想開場，構思內容的呈現，設計與觀眾交流的元素，再一遍遍地進行事前演練，記住每一個流程與每一張投影片……。有很多朋友問我：「你已經是經驗豐富的老手了，為了一次上台還花這麼多的時間準備

值得嗎？」

　　說實在的，我無法以投入的時間來回答值不值得，但是我心裡總有一個聲音：「我無法接受平庸、無效果的上台表現！」如果可以在上台的過程中，透過我的努力呈現，讓台下產生新的想法與改變，只要能促成這件事，即使花再多時間、再多精神，我也甘之如飴並且樂在其中。當我完成充分的準備，總是迫不急待想要上台，與觀眾分享我所知道的一切……。我想這樣的心情，也叫作熱情吧！

　　聽了這些話之後，Terry 有些似懂非懂，希望他能從實務中慢慢體會。專業可以學習，技巧可以練習，唯有熱情能把專業、技巧與自己的心融合在一起。當三者完美結合，台上的精彩表現才能觸動觀眾的心。你也能從 A 晉升到 A$^+$，成為專業力與感動力兼具的卓越講者！

6-10 如何做出精彩結尾？

回顧與重點提示，讓觀眾知道帶了什麼好處回家

　　無論簡報、上課還是演講，當上台接近尾聲時，除了「The End，謝謝大家指教」，你是否想過還可以怎麼結束？如何加深台下對你這次上台的印象，而有更好的收尾？

　　在整個上台的過程中，「開場」與「結尾」是兩個非常重要的階段，因為剛開始與快結束時，台下觀眾的注意力最集中、吸收力也最強，此刻你所談及的內容會讓觀眾記憶深刻。尤其結尾階段，是講者在台上表現的最後機會，千萬不要只是謝謝大家，鞠躬下台，錯失了帶給台下更多收穫的關鍵時刻。一個精彩有力的結尾能讓觀眾意識到，今天他們透過台上的你，學到實用技巧、扭轉了舊有想法、受到新觀念的啟發、得到激勵與鼓舞，而未來將採取行動去實踐……，他們是帶著一顆滿足的心回家的。這也是台上的你最有成就感的一件事！

　　以下幾點做法可以幫助你在台上完成一個精彩有力的結

尾。

重點再回顧

人通常是健忘的，如果是一場 20 分鐘的簡報，觀眾往往只記得後面 5 分鐘的內容；如果是時間更長的演講或課程，情況會更加嚴重，觀眾可能只記得故事或笑話，而忘了真正的重點。因此在結尾階段，建議利用一分鐘的時間重述內容重點，幫台下復習一下，讓觀眾有機會喚回記憶。

在 iPad 的上市簡報中，賈伯斯便是在最後一分鐘以重點回顧的方式，來強化觀眾的記憶。他的做法簡單而具體，把重點回顧製作成一張投影片。你若也效法他的做法，就絕對不會急著下台而忘了總結！

例如談品質改善的簡報，在最後一分鐘你可以這麼說：「在結束之前回顧一下，今天跟大家報告了本次品質改善的目標，希望未來能再提昇 5% 的良率，也談到分析手法以及未來改善的重點。期待之後大家分工合作，一起完成目標！」這樣把所有的重點重述一次，就是很有力的收尾。

講一個故事

用故事開始，用故事結尾，也是十分高明的手法。人們喜歡聽故事，而故事絕對比大道理容易讓人印象深刻。想一

想有什麼故事或實例符合上台的主題，適合用在簡報或課程中，在結束時娓娓道出，帶給觀眾一些省思或感動。

我會在企業簡報教學的課程結束時，問台下學員：「荷葉上有五隻青蛙，三隻決定跳下水，請問現在葉子上有幾隻青蛙？答案是五隻，因為決定不等於行動！」像這樣的極短篇就很適合放在結尾，用來提醒觀眾採取行動，把課程中學到的技巧付諸實踐，持續運用在日常工作中。除此之外，親身經歷也是很好的故事題材，我曾在一場演講的最後，談及家母生病、治療與康復的過程，因為是個人深刻的體悟、發自內心由衷的感謝，觸動了台下參與的醫師學員，有人甚至在默默拭淚。這也是真誠故事能發揮的力量。

要讓上台變得精彩，可以嘗試以故事或親身經歷來收尾。故事不只存在於書中或網路上，生活周遭同樣有許多素材可以運用。只要故事貼近主題、經歷真實且真誠都能讓觀眾備受感動！

引用一句話

試著找出一句話、一句標語作為上台的總結，引用呼應內容的名言或金句，也能發揮一定的效果。有時我會用「Practice makes perfect——練習帶來完美」做為企業簡報教學課程的結尾。我的講師好友憲哥在目標管理激勵課程中，

為了讓學員不僅知道，還能夠確實做到，他會在結尾時說：
「一千個想法，不如一個行動。」賈伯斯曾以「2011：Year
of iPad 2」，為產品發表會劃下完美句點。這些都是一句話結
尾的威力。或許觀眾會忘了大部分內容，卻能帶著一句最重
要的話離開。

　　記得下次不要只是說聲「謝謝大家」，就轉身下台了，
要記得抓住最後的機會，再次強化觀眾的印象。在結尾階段，
可以重點再回顧、講一個故事或是引用一句話，當然也可以
三種手法混合運用。你將發現，這能讓台下記得更多、印象
更深，並讓你的上台留下完美 Ending ！

　　希望大家不要「看書時充滿感動，闔上書卻一動也不
動」！試試看這些不同結尾方式，馬上行動吧！（你留意到
這裡運用了哪一種結尾的手法嗎？）

企業推薦

　　上過福哥的課，你一定會印象很深刻。福哥在課程進行的過程中，引導學員不知不覺地拆解分析，透過情境演練潛移默化，最後把專業「上台的技術」轉化成「上台的藝術」。這應該就是所謂的「台上十分鐘，台下十年功」的功力吧？

——冠軍建材集團人力資源部課長　林祺恩

　　身為人力資源主管，王老師無疑是我見過對學員要求最多、回饋最多的老師。其教學嚴謹，專業度深受學員好評與感動，尤其對於自己的專業，擁有一股異於常人的熱情與使命感。

　　基於其專業和使命感所寫的新書，值得拭目以待！

——永豐金證券人力資源處副總　邱文士

　　身為人資負責訓練的人員，與許多企業講師合作過，因此看過很多講課技巧很好的講師，很多經驗非常豐富的講師，但沒有一個像福哥一樣讓我打從心底欣賞跟佩服，甚至最後成為很好的朋友（亦師益友）。

　　關鍵就是熱情！簡報技巧的熱情。這份熱情會感染人，讓學生在課後對於上台簡報這件事也產生熱情（而不是配合公司訓練，敷衍了事），幫助我們將上台簡報的技巧運用在職場生活的各層面，福哥讓上台簡報不只是上台簡報了……

——國泰金控人資部裏理　郭旺驤

企業推薦

四年前首次邀請福哥講授簡報課程，從此福哥的課程也成為我們每年必辦的超高口碑課程。對專業的堅持、對分享的熱情與對卓越的追求，造就大師級的他。終於福哥要把畢生功力結集成冊。這本書，是我等待了四年的好書。

——台北醫學大學人力發展組組長　陳子瑜

在教學上感到困頓或是苦於教學評量桎梏的大學老師都應該去上福哥的課，福哥的行雲流水後面有很深的努力，外表是鐵錚錚的胖虎、骨子裡是個性情中人，細膩且自信，這是身為師者必備的特質，也是必須修煉的功夫。

——輔仁大學營養科學系助理教授　劉沁瑜

接受王永福老師培訓的學員中，常獲選為「優良教師」或「職務晉升」。福哥的簡報課程中身歷其境的準備與演練，至今仍受用無窮。福哥的《上台的技術》一書上市，使更多人受惠而有完美的表現，讓上台變成一門藝術。

——台北醫學大學人資長　簡嘉惠

上台時，還要注意的幾件事

7

時間與場控

7-1 準備得再充分，也不能忽略時間的限制

如何精準控制時間？

　　先問一個關於投影片數量的問題：你覺得上台時，常見的問題是投影片準備得太多還是太少？

　　答案幾乎都是：「投影片準備得太多！」沒錯，這也是我平常觀察到的現象。換句話說，許多人上台時無法在預定時間裡把內容講完。

　　這是一個必須正視的問題。學員 Amy 就有類似的慘痛經驗，某一次在向主管進行年度績效簡報時，由於想報告的資料太多，再加上事前沒有充分演練，正式上台時，投影片都還沒有講到一半，15 分鐘的報告時間就已經到了。只見主管示意她停止，並對她說：「這份報告沒有重點！」Amy 看著主管嚴厲的表情，難掩心中的失望情緒，因為為了這份報告她投入了很多心思，而真正的重點即將出現……

　　時間控制不良是上台經常發生的狀況，不是內容太多講不完，就是無法在設定的時間內呈現重點。很多人會想：「講

不完就講不完，延長時間就好了？」但是很多場合是無法延長時間的，例如老闆不見得有時間或耐心聽超時的報告，而像 TED 或 DEMO Show 等大型場合，台下就放了一個計時器，對於時間有精準的要求。因此控制好上台的時間可以說是一項基本而重要的技巧。

根據經驗，上台的時間越短，控制時間的難度就越高。一般而言，簡報的時間相對較短，要掌握好時間可能更有挑戰性。演講或授課的時間較長，時間的控制相對會比較容易。以下分享幾個重要的祕訣，只要掌握了這幾點，對未來上台的時間控制就能有精準的掌握，也不會再發生時間到了卻還沒講完重點的遺憾。

事前充分演練

書中已多次強調，演練是上台成功的一大關鍵。只要事前找家人、朋友或同事正式彩排一下，就能發現時間的安排是否有問題，究竟太短還是太長，一演練立刻見真章。

幾年前有一組學生請我指導簡報，他們帶了 88 張投影片來。根據比賽規定上台的時間是 10 分鐘，我請他們先演練一下，馬上就看到時間安排上的問題。於是我們邊演練邊修改，再經過多次練習，最後這組學生拿到了跨校簡報比賽的冠軍。事先演練、事先修正，就是上台表現的不敗法則。

設定段落時間的控制點

每個段落大約需要多少時間，上台前心中一定要有概念與安排。開場講多久？每段重點分配多少時間？結尾有幾分鐘？常遇到的問題是前段與中段花了太多時間，進入後段卻因時間不夠而草草結束，給人虎頭蛇尾的印象，非常可惜。因此在準備或演練時，就要設定好段落時間的控制點，以便自行檢查。當來到某段落的時間控制點時，可確認是否符合設定，若發現時間落後了，便能知道哪些段落應該加速、調整或捨棄。這個技巧若掌握得好，上台的時間便能收放自如，不會有趕進度或出現空檔的情況。

準備一個計時器

現場要有時鐘或計時器，以便清楚看到時間的經過。有時我會用手機或 iPad 當計時器來控制時間。在此提醒大家，千萬不要相信自己的直覺或第六感，因為站在台上的時候，對時間的感受往往是扭曲的，準備一個計時器或時鐘，才是客觀且準確的依據。

內容比預定的再少一點

建議將預定的內容再準備得少一點，再砍掉一些不是真

正的「重點」，儘管這很困難！把焦點集中在你最想強調、最重要的地方。不要企圖用很快的速度講很多的內容，而是要清楚凸顯重點，如此才能達到上台的目標。

從原本準備好的內容中刪除 10%，將這 10% 當成備案，或視現場情況彈性調整的「口袋」橋段。然後把主力集中在重點上，好好發揮，不要急！只要真的做好充足準備，你會發現儘管少了這 10%，卻能夠發揮得更好。相信我，在台上講得有內容、有重點，台下絕對不會抱怨時間到剛好講完，或是提早一兩分鐘結束的！

而先前刪除 10% 的口袋內容，也可以留給最後的問答時間、額外補充或是進行討論之用。

投影片張數與時間不是正比

投影片的數量與時間長短沒有必然的關係，像是大文字流（高橋流）或是全圖像投影片都會切換得滿快的，並讓台下覺得節奏流暢。投影片的數量是根據簡報形式所做的選擇，基本原則還是：投影片越多，要做的練習就越多，才能維持明快的節奏，並且精準掌控時間。

以上五個祕訣對於時間的控制大有助益。我自己曾在 20 分鐘的簡報中，包含與現場的互動，合計講了 110 張投影片，而觀眾一點都不覺得急促，因為我在事前花了很多時間做了

大量的演練。在現場連我自己也覺得時間非常充裕，就像電影《末代武士》裡的主角在長期的劍術訓練之後，覺得敵人的劍彷彿靜止了一般，能夠清楚看見對方的每一個動作。上台前只要不斷演練，直到對時間能精準地掌控時，你的最佳表現就會成為再自然不過的一件事。

　　時間是限制，也是資源。應用有限的資源下做出最好的發揮，就是上台要完成的功課。

企業推薦

　　難得遇到一位老師能傳遞一種課程，在自然生動的歷程中，讓學生享受學習之餘又對內容深刻銘記。身為老師，沒上過王老師的課，是遺憾。需要公開發表的人，沒感受過王老師的上台技巧，是損失。永福老師，有夠給力。

——台灣母乳哺育聯合學會常務理事暨國際認證

泌乳顧問國家聯絡人　王淑芳

7-2 在昏暗的現場，誰抵擋得住瞌睡蟲的召喚？

現場亮度控制的基本原則

　　相信很多人一定有這種經驗：上台準備播放簡報投影片，一開始就有人好心地把燈關掉或調暗，現場除了投影螢幕很亮以外，每個人都隱藏在黑暗中。觀眾看不清楚台上講者的臉，講者也看不見台下觀眾的表情，大家的目光焦點都在投影片上，那似乎就是台上的唯一重點了。不幸的是，有時候投影片並不精彩，上面充斥著密密麻麻的文字，嘗試看了幾頁便感到頭腦昏昏、眼皮沉重，然後就 ZZZ……

　　你有沒有想過，為什麼播放投影片時一定要關燈？

亮不亮有關係

　　其實，從投影片的技術發展來看是有跡可循的。以前投影機剛生產上市時，照度流明都不夠亮，因此需要把現場的燈光調暗，才能看清楚畫面。然而，現在生產的單槍投影機，亮度足夠，即使白天開窗也不受影響，這時再把燈關掉，只會

過度聚焦在投影片上，反而忘記整場最重要的角色——講者！

上台簡報、演講或授課時，你（講者）才是整場的主角，要當仁不讓地站到燈光下，讓全場觀眾一眼就清楚地看到你，看到你的表情，看到你的肢體動作，感受到你在台上的信心與熱情。千萬不要把自己隱藏在黑暗中，被投影片給取代了。再一次強調：你，才是台上的主角。

開燈關燈，很簡單

關於現場亮度的控制只有一個大原則：在看得清楚投影片的情況下，盡可能維持現場的亮度。如果投影機流明足夠，燈全開也看得清楚螢幕，那就維持燈全開。如果投影機亮度不足，那麼從第一排開始關燈，檢查是否清楚多了。在第一排燈關掉後，你也應該試著往前站一點（就一般教室或會場而言），保持自己站在明亮處，並且是觀眾的視覺中心。

至於台下觀眾區的亮度，除非是大型演講會場（且帶有表演性質，如 TED）的舞台，才會讓台下保持微暗，將焦點聚集在台上。如果是一般的會議室或教室，建議應讓觀眾區也維持恆亮，這樣台上與台下才能有更多的互動交流。實在沒必要以黯淡的燈光，去挑戰觀眾抗拒瞌睡蟲誘惑的能力。盡可能保持明亮的現場，對講者與觀眾雙方都有好處。

另一個問題是，有時候播放投影片的螢幕亮度足夠，但

(1)

(2)

(3)

(1)某一訓練教室，若前排燈關掉，則前面會變得太暗；若是不關，投影幕又有點反光。

(2)這是手動轉開投影幕上方日光燈的結果，畫面是不是變清楚了呢？

(3)這是轉下來的日光燈，操作時請小心安全，並且務必先關掉電源。

是切換到影片時（投影片中內嵌）就顯得不足。這時可以在播放影片時，多關掉一至兩排的燈（自己處理或者事先安排助手負責開關），這樣影片的效果就不會受到投影機流明不足的影響。我自己通常會在上台授課或演講之前，先確認好電燈的開關，或是與會場的場控溝通燈光調整的方式。雖然只是些小地方，但若能照顧好細節，上台時就能有專業流暢的表現，絕對值得去做。

控制現場亮度的意義

在某些會議室或教室中，投影幕上方會剛好有一排日光燈，而且沒辦法單獨關掉，打開燈會太亮，整個關掉又太暗。遇到這種情況也別放棄。我就曾經站到椅子上，把某幾根日光燈轉開，讓它失去作用。藉由手動調整控制現場燈光的狀況，也算是一種積極的作為。

總而言之，「人」是現場最重要的元素，儘量在看得清楚投影片的條件下，保持現場的整體亮度。讓自己與觀眾都是清晰可見的，唯有如此才能成功互動，這才是控制現場亮度的真正意義！

此外，曾有人問我：「要是連第一排燈都關了仍看不清楚，該怎麼辦？」嗯，那只表示一件事，應該換一台新的投影機了。

7-3 意料外的情況，如何應變？

主動出擊，調整狀況，有利上台

　　上台有時會遇到意想不到的情況，不要立刻被擊倒，主動出擊並調整一下狀況，反而能帶來令人驚喜的效果。

　　有一次我到某醫院演講，對象是院內的醫療及工作人員。主辦單位為了表示對活動的重視，特別挑選醫院最大的演講廳，大約有三百多個座位。但因活動時間在下午，很多人醫療人員仍忙著處理工作，最後撥冗參加的只有三十幾個人。

遇到了，就不要逃避

　　我站在台上往下看，偌大的演講廳，三十多人分散各處，有人坐在最後面，有人坐在中間，左右兩邊也都有人。因為場地太大，零星分布的觀眾讓大廳顯得更空曠。主辦人連忙致歉，表示原本就預期這樣的人數，會選擇該廳是考量它的設備比較好，卻沒料到現場感覺如此冷清。

　　拋開原因或責任等問題，有一件很現實的事：遇到這類

意料外的現場狀況，你要怎麼辦？

　　如果忽視這種狀況馬上開始，那麼整個過程中，台上的人一定像是在對空氣講話。雖然現場還有觀眾，但是三三兩兩的，不只台上的你，就連台下的人也會覺得十分冷清，而漸漸產生疏離感。有些人甚至會覺得害怕，擔心自己是不是弄錯地方，然後毫無預警就消失了，讓現場人數變得更少，相信這絕對不是你希望看到的。

主動出擊，調整一下

　　我的建議是：遇到這種情況，在正式開場前先主動調整一下現場。如果是一排一排座位的演講廳，就客氣有禮地邀請觀眾移動往前坐。例如你可以說：

　　「謝謝各位今天的參與，在演講開始之前，是不是方便請大家先站起來往前面這邊坐呢？這樣比較集中，待會進行討論時會比較方便。麻煩大家移動一下。」

　　要有耐心並有信心地傳達指令，請台下觀眾往前面與中間集中，先把現場觀眾聚集起來，如同生火之前，要集中木柴一樣，之後現場的氣氛才有可能燃燒加溫。不要急著開始，藉由調整現場，同時也調整自己與觀眾的心情，接下來精彩的內容安排才有可能扭轉局面。

如果是上課，可以把現場調整為分組桌型或是倒 U 桌型，變成有小組討論氛圍的座位擺設。當然，要這麼做必須提早到達，並與現場人員協調配合。雖然有點麻煩，但只要能做到這一步，情況一定會得到顯著的改善。

現場氣氛操之在我

提醒大家，除了上台的內容與表達技巧之外，現場的環境、氣氛、座位的配置等，都會在無形中造成阻力或助力。不論當下的狀況如何，講者要有能力控制、調整並形塑整個現場，讓空間條件利於匯集參與的熱度。不要把這個任務丟給場務或其他工作人員，因為在整個過程中，台上的你才是掌握現場氣氛最重要的關鍵，也是要對觀眾負起最大責任的人。

前面提到醫院演講的例子，後來我以溫和的語氣、有禮貌的態度建議觀眾移動一下座位，把大家聚集在前面中間的位置。然後在演講時，我刻意地靠近大家，集中精力對這一區的觀眾講話。雖然人數不多，但是整場演講一直維持很高的熱度，互動也非常好。我經常在企業上課前，挪移一下現場的座位或講台工作桌的位置，甚至調動學員分組的人數，試著營造便於互動的條件，讓待會上台時的效果能更好！在乎並留意影響上台成果的各種細節，即時應變，主動採取措施，能讓你上台的修煉不斷精進。

7-4 如何應對 Q & A ？

採取ABCD四步驟，從容面對，清楚回應

當你站在台上，說明正進行到一半，突然看到台下有人舉手，開始針對說明的內容提出問題，這時你該如何反應？

突發的提問，一定要立刻回答嗎？

這就是 Amber 遇到的問題，她正在客戶的會議室中，進行資訊系統的專案報告。其中一位突然舉起手打斷說明，問了一個未來系統使用上的問題，她很快地回答了，但這位客戶又提出下一個問題。當然，她可以繼續回應，但像這樣不停被提問打斷，讓她的報告變得斷斷續續，恐怕會脫離主題。而且她隱約注意到，並不是台下每個人都對這些問題感興趣，其他人的表情似乎流露出不耐，希望她趕快加速報告的進行。面對這種狀況，她應該怎麼做才對？

從正面來看，觀眾提問表示有興趣，想進一步理解報告的內容，絕對是件好事。但問題若是過於發散或一個接著一

個，有時候還真讓人招架不住。如果應對不當，甚至會造成報告者與提問者對立的場面，或是報告主軸的失焦。Amber很想知道有什麼方法既可以顧及觀眾的需求，也能掌控整個流程，不至於在台上亂了手腳。

ABCD四步驟，加強臨場反應

台下突發的提問是台上講者經常會遇到的情況，若能回答得體，可以為整場表現加分；反之，若是應對失據，有可能抹煞所有辛苦的準備。在此建議採取 ABCD 四步驟，即表達感謝（Appreciation）、緩衝問題（Buffer）、態度一致（Consistency）、回歸正題（Destination），讓你在台上能有穩健的臨場反應。

1.表達感謝（Appreciation）

不管問題是什麼，先表達感謝並肯定對方的提問，例如可以說：「謝謝您的提問。」「您這個問題很有意思……。」如果台下是長官，同樣可以表示：「謝謝長官的問題，這個問題非常重要……。」這類感謝式的回應可以緩和氣氛，讓彼此的互動有個良性的開始。這是面對提問的第一步。

如果可以的話，不妨把問題簡單地複述一遍。以 Amber 為例，她可以說：「您的意思是，您想進一步了解這個系統的硬體限制，是這樣嗎？」透過複述問題，你可以爭取一些

時間，在腦中整理一下答案，同時也讓發問者知道，你很認真傾聽對方的問題。有時候在較大的上台場合，複述問題也能讓其他觀眾聽得更清楚，回答時的整體效果會更好。

2.緩衝問題（Buffer）

許多Q＆A失敗的地方，就是一遇到提問便急著馬上回答，有時答得太快，反而會繼續引發提問。請記得，你是台上的講者，應該由你來掌握報告（簡報、演講）的節奏。你可以先收集問題，緩衝一下，等待適當的時間再回答。

例如可以說：「謝謝您的提問（表達感謝），我覺得這個問題很好（認同）。除了這個問題之外，還有其他問題嗎？」等到問題收集幾個後，再一併回答，或者你也可以說：「這個問題我們待會就會談到，可以稍後說到時再回覆您嗎？」有時隨著報告的進行，問題自然就解決了。

當然如果台下坐的是長官或客戶，你可能有回答的壓力。儘管如此，你也可以試著態度尊重地說：「長官提的問題十分關鍵（認同）。這個問題待會在報告中有更清楚的說明。是否容許我等一下談到時，再跟長官回覆呢？」有時長官或客戶只是想到問題，並不介意稍微等待一下，他真正在意的是要得到清楚的回覆。

請注意！我不是建議大家閃躲問題，如果問題很簡單，當然可以馬上回答。此處希望能視情況緩衝一下，由你來安

排回答的時間，而不是不停被問題打斷。先收集問題，再回答問題，就是一個很有效的技巧。

3.態度一致（Consistency）

回答問題時要態度一致，誠懇面對。態度一致是指，如果遇到懂的問題就詳實回答；如果遇到不懂的問題也誠實面對。你可以說：「這個問題我還不太清楚，是否方便我會後跟您討論呢？」或是「很抱歉，我無法立即回答這個問題，可以讓我回去確認後再回覆您嗎？」用一致與誠懇的態度來回應，絕對比胡亂回答一通來得有幫助。當然事前的準備不可少，總不能每個問題都不懂，要回去確認才能回覆，那就說不過去了。

4.回歸正題（Destination）

問題回答完之後，別亂了節奏，要重返報告（簡報、演講）的「正軌」。記得你這次上台的目標，回答問題只是協助釐清並強化原本的目標。一定要控制一下時間，千萬別被問題拉走了，甚至因為回答太多問題導致時間延誤，反讓該呈現的內容講不完。當然如果 Q & A 安排在最後，比較不會有時間與節奏上的困擾，但是回答的內容仍要扣緊主題，才不會因其他問題而失焦。

透過 ABCD 四步驟，也就是表達感謝（Appreciation）、緩衝問題（Buffer）、態度一致（Consistency）、回歸正題（Destination），可以讓你未來在遇到觀眾的突發提問時，掌握應對的原則，為自己爭取回覆的時間，並維持時間節奏，從容面對，清楚回應。

最後提醒一句：「解決問題最好的方法，就是避免問題的發生！」你該思考的不僅是如何面對提問，更重要的是在事前就做好充足準備。主動思考觀眾心裡可能會出現的疑惑，在上台的過程中，讓大部分的問題都從你精心準備的內容中得到解答。主動面對，提早解決，就是回應問題的最佳態度！

7-5 挑選一支好用的簡報器

運用小道具提升專業表現

　　台上優秀的講者通常會帶著自己順手的簡報器上場。許多人注意到，不論是賈伯斯或 TED 的演說者，他們手中都藏有一支簡報器。這樣不僅方便操控簡報的節奏，給人專業的印象，也不會受到電腦及投影機接線位置的限制，有需要時即可自在地走動。好的簡報器可說是上台非常重要的工具之一。

小道具，大效果

　　有幾次我擔任創業簡報比賽的評審，注意到有不少簡報者其實已經記住投影片，並看著觀眾講話。但是遇到要切換投影片時，就得先低頭按下一頁的按鍵，然後再抬起頭，重新看著觀眾，這樣的動作重複了 20 至 30 次。而且因為需要按鍵盤，所以只能固定站在講桌前，無法移動位置以便跟台下有更好的交流，結果影響了台上的整體效果。

即使是在小會議室，如果用簡報器來切換投影片，可以不必理會鍵盤的位置，那麼在台上的表現就能夠更流暢。如果再把螢幕位置調整成輔助螢幕，只透過眼角餘光來確認是否切換正確，然後全程看著觀眾講話，簡直可媲美職業級的講者，台下觀眾一定會印象深刻。這些都是應用簡報器能達到的效果。

如何挑選簡報器？

簡報器最好是功能簡單並且握得順，才不會在上台的過程中增添變數。以下特別整理了幾個要點，跟大家分享：

1.小而好握

有的簡報器太大，使用起來不是很方便；有的簡報器又太細小，握起來不順手。最好是大小適中、不易滑動的，如果有符合人體工學的外部曲線設計，那就更理想了。

2.功能簡單

簡報器其實只要功能簡單就好，太複雜的有時反而容易搞混或增加犯錯的機率。標準只需要上／下頁、全黑畫面（與PowerPoint 按 B 鍵相同）、播放投影片（與按下 F5 相同），再加上簡易的游標控制功能，這樣就很夠用了。

3.游標控制

有時在播放投影片時，除了「下一頁」之外，還需要基本的游標或滑鼠控制，例如播放影片或示範操作，這時簡易的游標控制功能仍是必要的。不過如果可以的話，最好只用「下一頁」來進行投影片的切換，游標控制的功能備而不用。

4.亮不亮沒關係

有些簡報器會附亮度高的綠光雷射，一般則是紅光雷射。這裡的建議是：好的簡報並不需要用雷射指引，每一項要點都應配合說明的節奏，一個一個地出現，或是透過畫面來指引，因此雷射光的亮度並不重要。（參見 7-6）

有人會選擇用手機或無線滑鼠作為簡報器的替代工具。我過去的經驗是，滑鼠常有誤觸按鍵的問題（不小心切到上一張或是下一張），手機則有控制距離不足與久握不適的問題。如果講到一半，不小心摔掉手機，場面會很尷尬。還是選一支拿得順手、滿足基本功能的簡報器，絕對能增加台上的專業表現。

有機會不妨觀察一下，台上表現精彩的講者手中用的是怎樣的簡報器呢？

7-6 你還在用雷射筆嗎？

三種替代方案，上台光芒四射

有些講者上台時喜歡帶著一支雷射筆，一面說明，一面用雷射筆指引畫面上的重點。手上有一枝雷射筆看起來似乎很專業，但我總是建議大家：不用雷射筆，上台的表現會更精彩！

「不用雷射筆的話，要怎麼突顯重點呢？」也許你會這麼想。

替代雷射筆的絕佳方案

請在記憶中或上網搜尋一下畫面，賈伯斯上台時有使用雷射筆嗎？沒有！TED 的講者是靠雷射筆讓演說加分的嗎？不是的！高爾在談「不願面對的真相」時，有用雷射筆標示重點嗎？答案仍是否定的。

當我們一一檢視這些最佳實務就會發現，優秀的講者在台上都沒有拿雷射筆。其實，不用雷射筆是有原因的。如果

使用雷射筆，講者就必須回頭看投影片才能指到正確的位置，這樣便無法與台下觀眾保持目光接觸。而且如果需要用雷射筆才能指引重點，表示投影片上可能出現過多的資料，也不符合有效投影片的製作原則。好的投影片應該是一目了然，一出現馬上就能理解，不應再花時間找重點才是。有時雷射筆在畫面上比來比去，穩定度不佳，或者一閃即逝，或者忘記關閉，反而更干擾觀眾。即使是綠光雷射，也未必能從密密麻麻的文字中清楚突顯出重點。

關於雷射筆，真正的問題應該是：「在不使用雷射筆的狀況下，如何突顯畫面中的重點？」以下提出三種方法，輕鬆就能夠取代雷射筆。

方法一：加入簡單動畫

內容重點不要一次全部出現，而是加入簡單動畫顯示，講到什麼才出現什麼，還沒講到的就先不要露出。這樣能讓投影片的說明更有節奏。動畫選擇簡單出現就好，不必添加無謂效果，反而影響觀眾的吸收。

方法二：直接標示重點

把重點直接標示在畫面上，例如在統計圖表中加入箭頭，告訴觀眾哪一個數據才是最重要的。或是為表格中的數據加上框線，呈現想要強調的重點。也可以在畫面加入文字方塊，

直指核心要點。思考一下，哪些是你想用雷射筆指引的，就在這些位置標示箭頭、框線或文字方塊，然後記得加入簡單動畫設定，講到才出現。這樣的效果絕對比雷射筆好得多。

方法三：一頁一重點

再進一步，讓一頁投影片只呈現一個重點，也許是一張符合內容的圖片，也許是一行大字流（高橋流）的文字。試著把重點切割出來，然後一頁放一個。這樣觀眾只要看一眼，馬上就能消化，目光將再度回到講者身上。這也是賈伯斯與 TED 講者擅長的手法。

以上三種方式讓你毋須使用雷射筆，就能顯示出重點。當你在站上台說明時，投影片配合著你的節奏，觀眾容易集中注意力，輕鬆吸收精華內容。

此外，實務上有些場地是無法使用雷射筆的。我曾經遇過雙螢幕或三螢幕的場地，或是沒有大螢幕的電腦教室，投影片顯現在每位學員的電腦螢幕上，還有在遠距會議中透過網路來播放投影片。你若一開始就沒有打算使用雷射筆，即使遇到特殊狀況也不會有任何不便，依然能維持高水準的演出。

下一次製作投影片時，請忘掉你的雷射筆吧！運用上述三種技巧，即可讓你上台的表現光芒四射。

7-7 上台時電腦突然掛掉了，
如何救援？

解決問題最好的方法，就是避免問題的
發生

　　墨菲定律說：「凡是可能出錯的事必定會出錯！」當上
台的次數增加，一定有機會在台上遇到設備或電腦出問題的
窘境。像是電腦無預警當機、影片檔播不出聲音、簡報器無
法切換到下一頁，或是電腦資料原因不明地消失……。若是
不幸在台上遇上意外狀況，如何應變才不會讓事前的努力功
虧一簣？

判斷與處理的五個方向

　　由於電腦及設備會發生問題的變數很多，現場的狀況不
一而足。這裡提出幾個大方向供大家參考，以便未來遇到問
題時有一個評估及救援的基準。

1.只花一至兩分鐘處理問題

　　問題出現時快速判斷一下，是否重開機或重新載入就可

以解決？如果會花比較久的時間，千萬不要在觀眾面前修起電腦。若是短時間內可以處理，在不耽誤時間的準則下快速完成；若要花上些許時間，可參考下一個建議方向。

2.可以先中斷嗎？

如果現場是可以中斷的，不妨直接暫停一下，以便排除設備或電腦的問題。若情況要花上些許時間，這會是比較好的方式。宣布短暫的中場休息，請觀眾給你十分鐘的時間專心處理，會比什麼都不說，只是站在台上埋頭修理設備，讓台下觀眾不明狀況地枯坐來得好。

3.有支援方案嗎？

有第二台電腦可以支援嗎？有備份檔案可以用嗎？有助手可以協助嗎？有人可以出來撐一下場面嗎？永遠準備好 B 計劃，才不會遇到突發問題時手足無措。當然，建議大家身上要帶一份上台或簡報用的備份檔案，這是不可或缺的！如果是非常重要的上台場合，我甚至會準備第二台電腦，並且開好檔案待命，做好萬全的準備。

4.用自己的電腦及設備

我個人習慣上台時使用自己的電腦及設備，這樣問題相

對會比較少。大部分的場合都有投影機接線，只要提前抵達現場，就能從容不迫地完成設定。我甚至連喇叭、簡報器都會自己帶，以減少現場配合上的問題。

　　如果不是使用自己的電腦，建議事前一定要用現場的器材「預演」一遍，以確保各項操作正常，可以當天提早抵達現場或在幾日前勘查現場時完成這項程序。

5.保持鎮定

　　遇到突發狀況時，內心雖然可以著急，但是外表一定要保持鎮定！這似乎有點苛求，卻是重要關鍵。當台上的你表現沉穩，觀眾自然會覺得沒什麼問題；一旦你開始慌亂，台下也會跟著躁動不安。因此面對問題時，最基本的態度就是保持鎮定。

　　有一次我在上台前，赫然發現電腦的資料硬碟完全消失，而離上台只剩下十分鐘不到。我一面拿起備份的隨身碟回復資料（永遠記得要有備份方案），一面請活動主持人先撐一點時間。等到檔案開啟後，儘管內心又氣又急，我仍表現得一派輕鬆地上場。整個過程很驚險，學員在一整天的課程過後，完全沒察覺我的電腦有任何異樣。

解決問題的好方法

如果是更有經驗的講者，說不定乾脆不用電腦及檔案，直接轉化成板書手寫說明，照樣能夠侃侃而談，表現精彩。這需要更高超的應變能力，在我認識的好友講師中有幾位曾經如此應變。這是基於豐富經驗而能達到的境界。

請記住那句老話：「解決問題最好的方法，就是避免問題的發生！」上台要培養的不是危機處理的技巧，而是預防問題發生的方法。用自己的設備，事先作好大量測試，備有支援方案，萬一真的發生問題了，也才容易保持鎮定，判斷解決問題的時間，不慌不忙地克服它。永遠做好準備才是上策！

7-8　Don't say sorry

不管是落枕還是器材壞掉，觀眾需要的
不是抱歉，而是你的完美表現

有些人上台時，常把「抱歉」掛在嘴邊，例如你或許聽
過這樣的開場白：

「不好意思，今天由小弟作簡報，耽誤大家的時間了……」

「真抱歉，我今天準備得不是很好，如果有什麼表現不
完善的地方，請大家多多見諒……」

何必說抱歉

為什麼一開始就道歉？通常有兩個原因：

第一個原因：一種習慣用語，其實也不是真的為了道歉，
只是一開始不知說什麼好，於是用道歉來開場，同時傳達自
己謙虛的態度。

第二個原因：講者對自己沒有信心，希望先幫台下打個
預防針，萬一表現不符合期待，觀眾不會那麼責怪自己。

若從觀眾的立場來看，台上的簡報（授課或演講）都還

沒開始,講者就頻頻道歉,你認為觀眾會有什麼反應?認為講者謙虛有禮,還是對接下來的內容失去興趣?觀眾會不會在腦中閃過一個念頭:「如果講者都擔心自己表現不佳,我為什麼要浪費時間坐在這裡忍受?」你真的認為只要一開始道歉了,觀眾就能包容體諒,不再有所要求?事實顯而易見:觀眾只會更沒耐心,並且繼續要求!

上台的危機處理,靠做不靠說

我認為一旦站上台,無論是簡報、授課或演講,講者是沒有權利說抱歉的!

我曾經在腸胃炎加落枕的狀況下,持續在台上教課一整天,晚上還接著有一場演講。整個過程中,我沒有說「抱歉,我今天身體不太舒服,如果待會表現不好,請大家多多見諒」之類的話。因為我認為,觀眾有權利看到我最好的表現,無論我的狀況如何,都應該盡全力達到目標。雖然當天脖子真的很不舒服,人也很虛弱,但是我並沒有降低自我要求,整天課程下來,大部分學員並看不出我在台上有任何異狀。

我也曾在台上遇到電腦壞掉,或是設備出問題,甚至搭錯高鐵而遲到。但我做的不是先道歉,而是設法穩住現場,讓觀眾安心放心。以電腦掛掉的那一次為例,我緊急更換另一台備用電腦,儘管檔案與格式有點跑掉,我仍然保持鎮定

並全心全意抓緊現場的節奏，而學員也大都沒察覺。一直到課程快結束時，我才向學員們致歉。這時台上與台下已建立一定程度的信任關係，學員便能接受我的道歉及說明。

其實絕大部分的人在準備上台時都是非常用心的，既然如此何必要說抱歉呢？千萬不要帶著歉意上台，台下需要的不是道歉，而是你的完美表現。所以別再說 sorry，要讓觀眾感到 happy，這才是我們在台上的 duty ！

企業推薦

遇見福哥之前，一直以為上台簡報是自己的強項；遇見福哥以後才了解表達流暢與有效說服之間的境界有天攘之別。福哥除了讓我了解上台簡報的真正意義，也一步步帶領我從歸納重點，準備投影片，強調訊息以至於上台的開場，肢體語言，甚至是軟硬體的應用，針對不同聽眾節奏的掌控，讓上台簡報真正變成有效的說服工具！

——卓爾醫療器材台港區域經理　王仕偉

福哥「做人：真誠直接不做作，專業：大力分享不藏私，認真：時時提點不馬虎」。如果，你不認識福哥，很可惜；買了這本書，就不可惜了！請把握認識福哥的第一次機會！

——心寬診所臨床心理師 & 自由講師　周鉦翔

福哥的機嚴（機車與嚴謹），不去面對也就與你無關，像雞眼沒撞到也就算了，碰到了可真是椎心之痛。不見得天天上台說話，一旦上台，《上台的技術》能治療疼痛，緩解「福哥簡報力課程症候群」的副作用。

——聲音表達訓練師　周震宇

企業推薦

　　福哥對於上台簡報教學高品質的堅持，一直是我所敬佩的。人生不全力以赴太簡單，太多人就是敗在對自己無法堅持，而福哥對自己高水準的要求就是一個最好的身教與榜樣，也讓學員有機會學習這樣的態度去改變他們職場的未來。

——簡報實驗室創辦人　孫治華

　　親眼目睹他對課程品質的要求、對教學精準度的要求、對自我專業的要求，接著又見證了學員在學習後立即且驚人的改變，只能用「瞠目結舌」四個字來形容。如果您重視自己的上台簡報表現，而且還沒有機會成為他的學生，這本書將會是您的簡報聖經。

——澄意文創志業有限公司執行長　馬可欣

　　福哥教的不是簡報，福哥教的是面對人生盡心盡力的態度。過去，福哥穿梭各教室間傳達簡報說服力，能上到課程真是看機緣。今天這本濃縮福哥多年實戰心法和技術的精華，肯定造福更多迷失在上台簡報中的朋友們。

——中央大學防災中心專案工程師　詹家貞

　　任十多年教育訓練主管，聽過福哥多次上台簡報課程，每次課程總能帶給我滿滿的感動！福哥以幽默、風趣的口吻，將每個人對上台簡報的所有擔心、疑慮一一點出，並精準提出最合適做法，加上累積各企業的實務經驗分享，讓學員大開眼界，並產生共鳴。請一起來體驗，這一點不同，就是你能在職場上勝出的關鍵！

——世界先進人力資源發展副理　劉欣茹

知道這些事，上台會更好

8

從現在到未來

8-1 簡報、授課、演講都是上台，有何不同？

時間、場合、觀眾、技巧有差異

　　「同樣是上台，簡報、授課、演講有何不同？」在某外商公司上課時，該公司內部講師 Amy 向我提出這個問題。

　　Amy 原本是該公司的資深 PM（Product Manager，產品經理），最近開始擔任公司內部的訓練講師，指導新進同仁相關的產品知識。在課程中她使用了製作精美的投影片，卻發現效果不如預期，許多新人邊聽課邊打瞌睡。她過去曾拿這些投影片向客戶做簡報，成果很不錯。她不懂為什麼簡報內容引吸客戶，拿來上課卻效果不彰。於是她問我簡報與授課有什麼不同，與演講的差異又在哪裡。

　　其實簡報、授課、演講，三者最明顯的不同在於時間長度。一般來說，簡報時間較短，大多是 20 分鐘以下；授課時間較長，最短的課程也要一個小時左右，長的甚至從兩小時到一整天都有；演講的彈性比較大，大約介於一至三小時之間（90 分鐘是蠻適當的長度）。除了時間長度，三者還有不

同的特點與需要留意之處，以下將逐一分析。

簡報要能說服人

簡報的整體時間短，訴求相對比較單向、簡潔有力。簡報的核心重點在於說服觀眾接受你所傳達的想法。希望台下可以不懷疑，完全信任簡報者所說的（想想蘋果簡報的例子）。因為時間短，觀眾容易集中注意力，只要呈現的手法夠好，內容夠緊湊，便可在觀眾注意力仍集中時完成簡報。

也由於時間短，簡報的節奏通常會安排得較為明快，配合著投影片切換，整個過程中幾乎沒有緩衝或失敗的空間。因此簡報者事前必須大量演練，才能掌控簡報的時間與節奏。一旦有某部分拖延到時間（通常是開場階段），後面就可能講不完，或是必須一直趕進度，這是要特別注意的地方。

當然簡報也有不同層次的要求，從基本功、有變化，到追求完美，花時間練習是必要的。這當然是指好的簡報，如果只是念稿或者投影片慘不忍睹，就不在討論的範圍內。

授課著重學習成效

好的簡報者不見得是好的講師。如果一個簡報高手，運用簡報般快速的節奏，連續上三個小時的課程，即便他口若懸河，同時還能熟練地切換投影片，你認為這樣的上課方式

會受到學員的歡迎嗎？答案是：保證不會！因為學員會聽得很累，不僅如此，台上也會講得疲憊不堪。

以成果導向來看，授課的重點不在於講師說了多少或說得多好，而在於學員學到了多少。根據以往的經驗與觀察，講述法（也就是簡報）的教學效果對於時間較長的課程來說並不好。不管台上講得多生動，對學員而言就算只是單純地聽講，時間一長還是會覺得疲倦。此外，講述法的課程不容易轉化為個人經驗，即使台上說得頭頭是道，一問下去就全不知道，學習成效不彰。

因此良好的簡報技巧（講述法）只是授課的一部分，除了講述之外，還有許多方法可以選擇規劃，例如問答、小組討論、個案討論、實際演練、影片觀看、課後作業以及報告、講師實務示範……。講師要有辦法說得越少，學員才有可能學得越好。這是好講師要思考的事。我曾經遇過幾位令我印象深刻的講師，他們的簡報技巧並不厲害，也不屬於口若懸河型，但課程的設計規劃與授課手法讓我終身難忘。整個課程從頭到尾非常緊湊，有很多實作，並引導出熱烈的討論，而台下的學生很忙，分分秒秒都有收穫。即使到今天我都還記得上課的內容，這才是真正令人佩服的講師啊！

演講手法安排多元

演講的操作彈性比較大，有時像是較為單向、節奏明快

的簡報，有時可以加入互動及討論的元素，操作成課程的型態，全看演講者有何構想。如果你的口語表達能力佳，很擅長說故事，再加上嫻熟的簡報技巧，便能讓 90 分鐘的場子充滿亮點。如果你有豐富的上台經驗，還可以嘗試將演講操作成大型授課的互動，而哈佛的「正義課」其實就像是演講型的授課。此外，在演講中運用問答或小組討論，並以小獎品來激勵台下互動，都能帶來不錯的效果。

　　以我個人在 HPX 17 的講座為例，其性質是一場演講，時間有 90 分鐘，台下觀眾超過 100 人。我以簡報為基礎，配合說明快速地切換投影片，也加入影片的輔助，再搭配互動式的授課技巧，現場帶領問答及討論，還操作了小組機制，整場講座得到熱烈的迴響。通常針對時間較長的演講，我都會設計一些與台下互動的元素，不然觀眾坐久了很容易分心，那就很難達到預期的演講（或教學）目的或效果了。

　　最後我告訴 Amy，儘管簡報、授課、演講各有不同的技巧，目標都是要讓觀眾覺得精彩並有收獲。簡報強調說服力，授課的重點在學習成效，而演講可視現場的調配，結合運用不同的技巧。請記得！關鍵不是你在台上說了什麼，而是讓台下記得什麼、帶走什麼，以及是否能採取實際行動。

8-2 保證上台失敗的四個祕訣

別這樣做就安啦！

　　目前已經跟大家分享了許多讓上台更成功的技巧。如果反向思考，來看看這樣做保證上台失敗的方法，又會給我們帶來怎樣的啟發呢？投資之神巴菲特的合夥人──查理・蒙格（Charles Thomas Munger）樂於與世人分享人生智慧，他曾開過一則「如何讓自己生活悲慘」的處方，文中告訴世人想要擁有悲慘的一生很簡單，只要懂得妒忌、怨恨，行事反覆無常，常保意志消沉，不屑於客觀的態度，也絕對不要學習他人的經驗，就能輕鬆達到目標。正面勵志的文章看多了，從反面的觀點來看事情往往讓人感到耳目一新，並能帶來更深刻的體悟。蒙格便是希望透過逆向思考來檢視人類常見的習性，並從中找到最佳解決之道。

　　「逆向思考」也很適合運用在上台的技術上。讓我們一起來看看，怎麼做可以保證讓上台變得很失敗？如果想讓台下的觀眾哈欠連連，從台上所講的內容中得不到半點收穫，

感覺完全在浪費時間，只要掌握四大祕訣，人人都能不費吹灰之力就達到期待中的結果喔！

照稿念

想辦法把一大堆文字塞在投影片中，然後照稿念。沒錯！這樣做就對了。記得投影片上的文字再多放一點，然後目光鎖定投影片上的文字逐字逐句念下去。觀眾心裡一定會想：「我自己看還比較快，為什麼需要你念給我聽呢？」這樣連續念上三張投影片後，台下就會自動進入待機狀態，完全不理會台上在說什麼。這樣離失敗就不遠了。這一招絕對有效，是上台失敗的必殺技，一定要善加利用！

別管觀眾的需求

專注於我們想講的，而不是台下想聽的。盡可能多談一些自己覺得重要的細節，不必去照顧觀眾的需求，那不在我們的考量之中。記得！別管觀眾的期待，也別問他們想知道什麼、想解決什麼問題，要讓觀眾失望，就讓他們聽不到想聽的。事前也不用思考上台的目標是什麼，只要想辦法讓大家失去興趣就可以了！這裡要配合第一招，一邊播放密密麻麻的文字堆砌成的投影片，一邊滿口說著觀眾聽不懂的專業名詞，鐵定能將台下轟炸得東倒西歪。朝上台失敗的目標又

邁進了一大步。

保持距離

　　站在上台時，記得要與觀眾保持遙遠的距離。眼睛盯著螢幕、地板或任何地方都行，就是不要看著觀眾說話。雙手最好放在胸前交叉，插在口袋裡也是不錯的方法，若還能躲在講台或電腦後面，讓四面八方的觀眾都看不到人，那就更完美了。講話的音量儘量小聲、低沉、細微，讓台下聽得再吃力一些。如果現場有燈，記得一定要關掉！讓自己藏在黑暗中。只要站的距離夠遠，再加上自我封閉的肢體語言，雖然人站在台上，也能夠順利地從觀眾的眼前消失，因為當他們一閉上眼睛，你就自然化為無形了！

不要練習

　　只有那些程度不好的人，才需要練習，像我們這樣不世出的天才，練習簡直是種侮辱。只要站上台，想到什麼說什麼就好，如此才能展現隨機應變甚至是危機處理的能力。至於一些常見的狀況，也都有應對之道，像是「投影片太多沒講完？」下次再講就好啦！「講得不順暢？」管他的，有講即可，何必要求那麼高！「現場氣氛沉悶？」那當然跟講者沒關係，而是觀眾程度的問題啊！只要具備這些心態，再加

上從不練習，上台一定可以連續失敗，絕對不會有成功的一天！這樣一直沉淪失敗下去，把過錯都推給別人，方法真是太簡單啦！

只要具備上述四大祕訣，上台失敗的目標即可速成。因為這些技巧一點也不難，平時我們就很熟悉了，還有不少人經常實際運用到。不過，在此仍建議每次最好混用多個方法，確保失敗的成果萬無一失。等到有一天，當你站在台上，放眼台下睡得七葷八素，或是有人跳起來生氣地打斷你，問說重點到底在那裡？這樣就達到「上台失敗」的最高境界，繼續加油！

企業推薦

這幾年我都是福哥部落格的忠實讀者，也曾多次在臉書上跟福哥請益，他分享的經驗與建議永遠都是那麼地有用且實在。我一直期待福哥能出書將他的經驗分享給更多人，《上台的技術》這本書集福哥多年經驗之大成，絕對是每位講師、演講者必讀的書籍之一。

——鼎捷軟件社群技術中心總監　游舒帆

8-3　永遠做好準備，才能把握機會！

每次上台都是邁向成功的墊腳石

　　我經常再三提醒專業工作者，要重視每一次上台的機會，因為你永遠無法預知誰會坐在台下聆聽你的報告或演講。我遇過一個職場上很典型的例子，在毫無預期的情況下，一間上市公司的董事長與總經理突然現身，齊聚在我簡報訓練課程的現場。

台下出現意外嘉賓

　　那天是演練課，按照規定每位學員都要輪流上台。本來以為像以往一般，由我陪伴學員練習一整天，結果上午課程才一開始，總經理與協理就來到課堂中。原來這兩位上司很重視同仁演練的情況，特別來到現場觀看。對在場所有學員而言，壓力開始飆升。

　　沒想到就在第二位學員正準備上台時，有一個人默默走

進來，跟總經理微笑一下，坐在我旁邊的位置上。

沒有人告訴我他是誰，但根據直覺我想這位應該是董事長。

果然沒錯。我先向他致意，然後暫停流程，邀請他上台跟大家說幾句勉勵的話。他笑著揮揮手，表示只是來看看。

於是我請第二位學員上台進行演練，此刻台下坐著有董事長、總經理、協理以及各部門主管。本來一個單純的簡報演練，瞬間氣氛變得正式了起來。

台上準備好了嗎？

試想一下：如果你剛好是這位學員，你要如何面對突如其來的壓力情境？對於尋常的課程演練，你是否做好充足的準備？假設你搞砸了這次上台的機會，你會覺得無所謂還是很懊惱呢？對於未來的職涯發展，是否會留下任何「後遺症」？

然而這位學員是有備而來的，在高級長官齊聚一堂的現場，展現了完整且絕佳的上台簡報。台風、投影片以及內容說明，都有超水準的表現，讓董事長看得頻頻點頭，露出相當滿意的表情。

在幾位學員的回饋之後，我再次邀請董事長說幾句話。只見董事長站上台，麥克風也不用拿，中氣十足地說出對大

家的期待與勉勵。整個過程中，他與台下保持眼神接觸，並呈現自然的肢體語言。在口語表達方面，除了諄諄訓勉，中間還穿插了生動的小故事。果然長官是有練過的，馬上就做了最佳實務示範。完畢後，董事長笑著邀請我給予回饋。沒問題，我也已經準備好了，就在董事長發言的時候，我做了一些筆記。於是我上台，針對剛才董事長表現的細節，提出專業分析與回饋，看得出來董事長笑得更開懷了。

董事長時間結束後，我安排了一小段休息時間。長官們一一離場，其他學員也鬆了一口氣。不過午休後總經理再度出現，並坐鎮了一整個下午。

如果是你，你會怎麼做？

上述插曲在職場上並不罕見，從中我有兩大心得在此分享：

1.永遠做好準備

讓每一次上台都有美好的呈現，如同簡報大師傑瑞‧魏斯曼（Jerry Weissman）在《簡報聖經》（*Presenting to Win*）一書中所言，每一次的上台都可能是你邁向成功的墊腳石。想想看，如果你是那位將在董事長面前演練的學員，你有沒有信心，能不能把握住機會，一上台就做出最佳表現？如果

這次搞砸了，你認為下次什麼時候還有機會再向董事長做簡報呢？

2.職位越高，上台表現越重要

　　隨著職級漸漸升高，在眾人面前講話的機會增加，對群體的影響力將不斷擴大。在上述例子中，董事長分享自己印象最深的一次上台，那是十幾年前準備上市審查的簡報。因為上台表現的好壞，將直接影響到上市的時程，所以他投入了好幾個星期的時間，只為了準備一場短短 15 分鐘的簡報。而總經理也提到先前對國外最大通路商簡報的經驗，那次的成功也順利開啟公司十幾年精彩的發展。他們的經歷都印證了一件事：職級越高，簡報越重要！（再想想，賈伯斯的簡報影響力有多大！）

　　就在這場訓練課程結束後兩個月，我又回到該公司擔任顧問，很高興發現上次簡報冠軍的主管（也就是演練時第二位上台的學員），職位晉升了！當然，這是他過去幾年努力工作換來的成果，而上台只是讓他在關鍵時刻，進行關鍵性的展現，真正的重點是：他隨時都做好了準備，才沒有錯失機會！

8-4 下台不是結束，而是另一個開始

自我記錄與評量，追求完全滿意表現

　　當終於完成上台的任務，不論是提案簡報、企業內訓課程，還是重要的演講，相信你內心會有一些特別的感觸。如果表現得好，對自己充滿信心，期待下一次上台的機會；如果表現不如預期，也許內心懊悔，想檢討表現不佳的原因。

下台後，第一件要做的事

　　不論台上的表現如何，建議有一件事情下台後必須馬上進行：忠實記錄，並且客觀評量自己的表現！

　　還記得在本書第二章中，我曾經提過向某企業董事長成功簡報的例子。報告順利結束後，在回程的高鐵上我立刻打開電腦，將剛才簡報的過程記錄下來，包含簡報的時間安排、原先規劃與實際過程的差異、客戶反應、簡報目標是否達成，還有對自己表現滿意的地方，以及下次有待改進之處。

　　如果是重要的演講邀約，我不僅會記錄上台的表現，還

會針對準備過程留下完整的紀錄，包括如何發想、遇到什麼難題、如何演練、上台的表現、時間的配置，以及觀眾的意見回饋，全部鉅細靡遺地記錄下來，甚至還會寫成部落格文章發表。不久前的一場演講結束後，我便寫了八千多字，對整個過程留下忠實的紀錄，也放在部落格上公開分享。

忠實記錄、檢討與改進

自我檢討及改進，是磨練上台技術非常重要的環節。每個人都有可能在台上表現優異，也有可能表現不如預期，重要的是如何汲取這一次的經驗，轉化為下次上台表現得更好的養分。忠實記錄就是幫助我們達到這個目標的好方法。

你可能會想：「大家都認為我表現得不錯啊！」是的，可以想像結束上台之後，大家圍繞著你對你讚不絕口，當你向他們徵詢意見時，得到的回覆都是：「真是精彩！你表現得很棒！太優秀了！」這時請冷靜地想一想，如果換作是別人在台上簡報、上課或演講，你會表達真實的想法嗎？「我覺得你什麼地方表現得不好⋯⋯，還有以下三個問題必須改進⋯⋯。」如果上台的不是同仁，而是直屬主管或上司，你敢直言不諱，還是有「技巧」地回饋呢？

改進最終還是要靠自我省思。請誠實面對自己，以嚴格的標準來評估台上的表現。不是要批評、挑剔，也不是打擊

自信心，而是運用自我檢討的工具，讓下一次可以更好！

「完全滿意表現」的終極追求

再舉個例子，每次我在台上授課結束後，總是會有一份「課後意見回饋表」，請學員以 1-5 分來評估講師在這門課的表現。一般來說，平均分數 4 分以上，就是「好」的表現，若能拿到 4.4-4.5（換算成百分數為 90 分）就是「很好」。長期以來，我所追求的是滿分 5.0 的成績，我稱它為「完全課程」。如同棒球的完全比賽，完全課程也是非常困難的挑戰。

用這麼高的標準要求自己，目的是希望找出所有影響上台成效的因素，如同管理界「六個標準差」的手法，藉由追求完美良率（100 萬個產品中，只能有 3.4 個不良品），檢視每一個環節，找出產生不良品的原因，不斷修正，精益求精。

有句話說：「最淺的墨水，比最深的印象都還深刻。」請記得馬上記錄，不論是用筆寫下來，還是在電腦上作業。當你確實記錄、檢討，歸納出自己表現的亮點與缺失，並且在下一次上台前將這些成功與失敗的經驗，轉為自我改善的能量，一段時間之後你會發現自己有驚人的成長！

加油！各位在台上努力奮鬥的夥伴們，透過每一次的自我檢討，你上台的技術一定能夠登峰造極！

8-5 自我修煉的三階段

見山是山、見山不是山、見山又是山

　　還記得本書一開始提到，因一場成功的創業簡報而登上雜誌封面的 David 嗎？我們從 David 的故事出發，闡述了為什麼上台在今天是必備的工作能力。接著從上台前的準備，談到分析觀眾需求、思考傳達的重點、構思內容結構。之後說明事前演練的祕訣，以及如何製作成功的投影片。然後介紹各種開場的技巧、站立與走位的原則、眼神接觸的小技巧，並且討論了與台下建立互動關係的方法、為何不要使用電射筆、如何快速調整現場等。在接近結尾的章節也提醒大家，遇到問題時該如何解決、哪些錯誤應該極力避免，以及自我檢討的態度與方法等。

　　上台的技術是不斷自我精進的歷程，就像人生中很多事物的學習一樣，會經過不同的階段。例如一開始是按部就班練好基本功，這個階段進步是明顯的，成就感是高的。然而，當我們學得越多，探究得越深，自然會遭遇各種困難阻礙，

甚至產生自我懷疑。若想要突破瓶頸，就得下更多工夫，不斷思考、推敲與磨練。就在自我淬煉中不知不覺已突飛猛進，並對所鑽研的領域感到樂在其中。我很樂意在此分享自己一路走來的體悟，從「見山是山」，經過「見山不是山」，到「見山又是山」，希望未來你也能在不同的階段中掌握到努力的方向。

階段一：見山是山

「見山是山」這個階段的重點是奠定基本功，要練好扎實的馬步。以下三個建議提供給剛開始上台修煉的人參考：

1.要演練

事前練習非常重要，不要仰賴自己的口才或隨機應變的能力，而是要在上台前充分演練。你可以自言自語、找個朋友說給對方聽，或是用手機、相機錄起來。總之，一定要把上台的流程練過幾次，最好是正式大聲地說出來。事前的演練可以幫助你發現一些問題點，例如時間的分配不得當、上台的表現仍很生澀等。演練的次數越多，上台越不會出差錯。

2.不看稿

所有上台表現精彩的講者或簡報者，都有一個共同點就是不看稿，並能看著台下觀眾說話。要做到這一點，必須先

記住整個投影片播放的順序，即使不回頭看都知道下一張投影片是什麼。然後再透過幾次練習，將口語內容與投影片相互搭配起來。其實這並沒有你想像中的困難，在我指導的簡報課程中，平均花不到十分鐘的時間，大部分學員都能記下順序，做到不看稿、不看投影片並完成一場五分鐘的簡報。只要記住投影片的流程，在台上的表現就會很流暢。

3.多學習

不論是運用線上的學習資源，如 TED、YouTube、Slide Share，或是閱讀實體書籍，還是參加一些課程、演講，觀摩不同講者上台的技術對基本功的修煉都是不可或缺的。當然有空記得常上福哥的部落格（www.afu.tw），我會定期且有系統地整理上台的知識與經驗，提供大家參考。透過多面向且大量的學習，就能慢慢摸索出自己的風格。更重要的是要把學習到的技巧，實際應用出來，如此才能真正內化成你上台的一部分！

第二階段：見山不是山

打穩了基本功之後，接下來就要開始求變化，提升上台表現的精彩度，發揮更大的影響力。要突破「見山不是山」這個階段，有三點必須注意：

1.精彩元素

在上台的過程中加入一些吸引人的元素，例如故事、案例、影片，或是製造台上台下互動的機會，讓原本專業、扎實的內容變得可口誘人，而且容易消化吸收。更一步，還可以透過個案或小組討論，帶領觀眾進行深度思考，或在某些合適的場合操作設計完善的獎勵機制，這都是讓上台變得精彩生動的妙招。

2.了解觀眾

上台要求的不僅是設計精美的投影片以及生動的表達，更重要的是內容必須貼近觀眾的需求。在上台之前，你知道觀眾是誰嗎？你能透過哪些管道，認識他們心中的疑問？觀眾的年齡分布、工作資歷、生活經驗又是如何？他們期待什麼？在你的簡報、演講或授課結束之後，他們能帶走什麼具體的收穫？

如果不清楚這些問題的答案，你要怎麼辦？向相關負責人諮詢、事前發問卷調查，還是請教有經驗的朋友或同仁？不管採用哪一種方式，都只為了達到一個目的：事先了解觀眾，並將他們的需求擺在第一順位。唯有如此，你在台上所運用的各種技巧，才能幫助台下觀眾得到想要的資訊，讓你的上台不僅精彩，並且達到觀眾的期待。

3.熱情無敵

　　在技巧之外，更重要的是上台的態度，也就是台上所傳達的熱情。站在台上的你，是強烈地想要影響你的觀眾？還是因為接受上級的指派，只要交差了事就好？態度往往是成敗的關鍵，台下不見得能看到，卻能明顯感受到台上的你是否真有熱情。也唯有點燃你的熱情，對上台抱持積極的態度，你才能努力不懈，每一次上台都不斷追求更好的表現！

　　自費環台宣導反核公民思辨的楊斯梧醫師就是絕佳範例，因為倒立達人黃明正走遍全台三一九鄉的身影，點燃了楊醫師環台演講反核的熱情，到現在他已經完成超過兩百場的反核演講！我親自參與過楊醫師四次的上台，見證到他技巧的不斷進化。除了卓越的上台技巧，楊醫師高度的熱情與感染力，更是感動台下眾多觀眾投入能源節約以及核能思辨的重要關鍵。只要有熱情，技巧是可以透過學習與練習得到改善的，但只有熱情洋溢的講者才能夠真正感染人，發揮無遠弗屆的影響力。

階段三：見山又是山

　　打好上台的基本功（階段一：要演練、不看稿、多學習），而且每次上台都能發揮影響力（階段二：精彩元素、了解觀眾、熱情無敵），在上台技術修煉的道路上便邁向第

三階段的完美追求，也就是終極階段：見山還是山。

到了這個階段，技巧已不是問題，也不太需要他人的建議。然而關於上台，你心目中是否有一個完美的想像？又要如何才能臻於理想境界呢？

紀錄片《壽司之神》敘述米其林三星主廚小野二郎成功背後不凡的故事。美國總統歐巴馬訪問日本時，首相安倍晉三選在壽司店「數寄屋橋次郎」招待他，就是因為主廚小野二郎擁有超凡絕倫的手藝。小野二郎雖然高齡 89 歲，入行 78 年，依然每天不斷精進。他在影片中說了一句話：「窮盡一生，磨練技能。」充分表現他追求完美的精神。這也是每位磨鍊上台技術的夥伴們，值得用來勉勵自己的一句話。

磨練，磨練，再磨練

多年來，在擔任企業簡報顧問與教學的過程中，我接觸到不少各行各業的專業人士，其中有一位在醫學院任教、學生暱稱為「呼吸貓」的老師，讓我留下極深刻的印象。身為老師每天站在台上授課，她上台的技術早已爐火純青。

儘管如此，每一次上台前她依然會仔細檢查每個環節，包括從台下學生的觀點來想問題、事先勘查現場設備、花時間演練、要求自己完全不看稿。除此之外，在現場要如何展示儀器設備，用哪一隻手拿？這些細節她通通不放過。

正因為這份盡力將事情做到最好的態度，讓她每一次上台都贏得台下熱情的掌聲。不僅連續數年獲頒優良教師獎，在面對一般大眾簡報的場合，她也能清晰傳達醫學的專業內容，並讓台下聽得津津有味，每每得到無可挑剔的完美評價！

她重視並善用每一次上台的機會，教育了很多學生，培育出優秀的醫師，帶給一般大眾正確的醫療觀念，等於救助了更多病患！她在追求上台的技術的同時，已將上台的價值予以極大化！

本書完整分享了上台的技術。接下來，你不是要知道更多，而是要做到更多；現在你需要的不是訓練，而是實際上台的磨練。請帶著勇氣出發，當你在台上磨練的過程中運用本書指導的技巧，並得到令人滿意的表現時，我將樂於分享你的喜悅與榮耀！

8-6 精彩上台背後的祕密

30分鐘上台全程大公開，從準備到完成，我是這樣做的

　　看到這裡，相信你已經掌握了不少「上台的技術」。

　　從正確的態度開始，到設定目標、發想內容、事前演練，還有製作容易理解的投影片。然後正式上台，用一個精彩的技巧開場，呈現豐富、條理分明的主要內容，加上場控與道具輔助，讓上台的表現更加生動。最後重述重點，以簡潔有力的總結為上台劃下完美句點。當然，你還可以應用我在書中提到的各種方法與小祕訣，讓上台的效果更精彩、更有說服力。

　　現在你心中可能會浮現一個問題：「學了這麼多技術，接下來呢？」

　　在我回答你這個問題前，想要跟大家分享一個我的真實案例，讓你從中確切明瞭如何準備一場簡報型的演講。

上台前5個月：確認目標

我平常很少接受公開演講的邀約，大約一、二年才會安排一次公開上台的機會。對我而言，這就像開大型的演唱會，是對過去個人技巧及教學成果的驗收，我必須投入很多時間全心全意地準備，因此平常會婉拒大部分的邀約，但是只要接受了，就會全力以赴！

這一次的上台邀約，雖然只是一場 30 分鐘的演講，主題也是我最熟悉的專業簡報技巧，但由於觀眾是不同領域的專業人士，而且除了我之外，前後場都還有其他的講者，可說是高手齊聚一堂，不容我有半點懈怠。於是就在演講的五個月前，我先請主辦單位安排一次會議，面對面確認此次活動的目的及需求。我也建議主辦單位在受理報名時請觀眾填寫需求調查表，讓我進一步了解觀眾的需求。

上台前4個月：構思內容

我構思簡報內容的起點是：我想傳達的核心內容是哪些？有什麼特點可以讓觀眾帶回去？我找了一面白牆，把心中浮現的想法寫在便利貼上。就這樣開始張貼各種點子，想到時就補上一點，陸陸續續貼了好幾天。這面點子牆，一直到上台結束後，我才把它撕掉。

其實最難的不是構思內容，而是如何在有限時間內規劃出精彩的呈現，並且思考如何安排流程？是否要操作現場互動？需要安排小組討論嗎？還是單純用講述的方式進行？這些問題都不停在腦子裡翻轉。我只是先把它們記錄下來，用便利貼貼在牆上，我經常看著這面牆並尋找答案。

上台前3個月：重啟學習

其實這次談的主題「專業簡報技巧」，我過去已經講過無數次了。如果只是把先前的內容再拿出來，雖然也可以說得很精彩，但我心裡總是有個聲音：「除了這些東西之外，還有更好的內容嗎？」於是我重啟學習，透過大量的資料搜尋及觀摩影片來刺激想法。此外，我還特別透過國外的網站訂了好幾本相關主題的新書，並閱讀參考，讓自己能有更多不同於以往的思考切入點。

有時候想太久了，腦子有點僵化。我經常會找好友Jack聊一聊，交流一下意見，把一些混亂的想法重新整理一遍。就這樣各種點子不斷發酵沉澱，凝聚出精華，我繼續蒐集並把它們貼在便利貼上。

上台前2個月：安排試講

我一直有個習慣，越到正式上台前，頭腦就越清楚。但

是如果真的拖到最後，又怕時間會來不及。所以我選在正式上台兩個月前，安排了一場比較小型的演講，主題與正式上台要談的題目一樣，透過這個提前試講的過程，強迫自己及早動手整理投影片，並在壓力下擠出一些不一樣的想法。在登台試講的過程中，也能稍微評估每個段落的時間，作為進一步調整的依據。在過去我不常有試講的嘗試，是因為這次特別重視，才有如此的安排。但這麼做的效果很不錯，讓我真的開始提早準備內容。

除了正式登台試講，我也約了好友憲哥，在他面前進行一對一的試講演練，請他給我一些專業的建議。憲哥笑著說：「只要保持一開始的想法，一定沒問題的啦！」我們都是職業選手，很了解對方的心情，我相信今天如果是憲哥上場，他也一定會跟我做同樣的準備。聽到他說沒問題，我的心情篤定了一些。

離演講還有兩個月，內容架構大致底定！（不過後來又改來改去，那都是後話了……）

上台前1個月：流程再進化

雖然演講的架構與流程大致底定，但我還是一直在想，怎麼做可以更順暢、更精彩？如何跟觀眾有更多的互動？如何才能讓大家得到更多收穫？在開車時、在洗澡時、在書桌

前，思緒總是圍繞在這幾個問題上，卻一直想不到具突破性的點子。

某一個夜晚，全家人都睡了。我拿著一瓶飲料坐在客廳裡，忽然靈機一動，腦中出現一個絕妙的想法：「我可以把原來的流程再調整一下，依照大家學習的階段，分成『見山是山』、『見山不是山』」、『見山又是山』」三大階段，然後針對每個階段的情況給予適當建議。這樣不就很完美了？」

這個點子一出現後，我馬上著手整理牆上的便利貼，經過一番調整，果然流程順暢許多，整個架構大綱也更清楚。到這一刻，上台演講的內容與流程才算拍板定案！

上台前10天：製作投影片

雖然之前在試講時，已經做好部分投影片。但後來流程又有些調整，也加上不少新的元素，因而有一半以上的投影片必須重新製作。在此要特別提醒大家：投影片是在流程確認後才動手，並不是一開始就坐在電腦前一張張地製作。

因為我已十分清楚上台的流程與架構，所以在製作投影片時唯一的挑戰就是：如何找到適當的圖片或文字，來搭配上台講述的內容。我並不想放上一大堆的文字，也不希望畫面只是一些漂亮的圖片。我考慮的重點放在一件事情上：什

麼樣的投影片最能搭配我的內容說明，讓觀眾不只聽到，還能看到我所說的。離上台還有 10 天，我邊思考邊製作邊修改投影片。

上台前2天：最終演練

雖然經過這麼長的準備時間，早就記住每一張投影片的次序，在心裡也把流程演練了許多回，但是上台前還是需要正式排演，完整跑過一次流程，藉以發現潛在問題並衡量時間。因此在上台前兩天，我又請好友 Jack 到我家，看看我演練的狀況，幫我做紀錄並提供建議。

演練才剛開始，我就一直吃螺絲，連開場都講不好。卡了幾次後，Jack 終於忍不住說：「這大概是我看過你演練表現最爛的樣子了。」其實不用他說，我自己也這麼覺得。經過將近半年的準備，居然還能表現得這麼糟。由此可知，在腦子裡想的是一回事，真實的演練又是另一回事。還是要事前正式排演一下，才能收到最佳的練習效果啊！

我靜下來思考，猜想可能是一開場的節奏太快，放了太多投影片，又擔心講不完才造成這種結果。於是接下來的時間，我一面練習，一面砍了好幾張投影片，才逐漸找到流暢的感覺，節奏也恢復正常。兩個小時的演練時間一下子就過去了，雖然還是有點卡卡的，但總算把主要的問題解決了。

上台前1天：只記流程

演練之後，我提醒自己只要記流程，也就是記住每一張投影片的順序，不要去背稿，這樣的表達才會流暢自然，也才能不同於刻意而死板的念稿。所以，我在腦子裡反覆練習，依序切換一張張的投影片，但沒有死記投影片中的每一句話。這其實是非常重要的技巧。

另外還有一個記憶的訣竅：先記大結構，再記大結構中的投影片。例如我的大結構是：開場兩個故事→準備→投影片→呈現→結尾。把結構抓住後，就容易掌握細部內容。

明天要上台，晚上就不練習了，好好休息一下，迎接明天的挑戰！

上台當天中午：測試器材及設備

演講時間安排在當天下午，早上我再次將整個流程與順序在腦中跑過一遍。我提早在中午到達現場，先測試好器材設備，又特別確認了一下影片的播放與音效。關於現場的燈光，我也與工作人員溝通好配合的方式。為了預防突發狀況，我還準備了備用的檔案及電腦，讓問題發生的機率降到最小。

上台前20分鐘：安靜祈禱

歷經這麼久的準備，終於到了要上台的一刻。我知道自

己已經做足準備，但也許還是有我無法掌控的部分。我一個人走到會場外面，靜靜地向上天禱告，祈求一切順利。希望待會我在台上的表現，確實能幫助場內的專業人士，突破以往上台的困境，在工作上更上層樓。我也期許自己以身作則，透過最佳的表現，讓觀眾不僅學到上台的技巧，同時見證它的實際應用。這是我對所有參與者的敬意。

然後時間到了，我自信地走上台！

最後，觀眾與我共同經歷了一場接近完美的上台表現！

後記：所以接下來呢？

以上是我準備一場重要演講的過程。花了快 5 個月時間，只為了一場 30 分鐘的演講。當然，並不是每一次上台都要這麼大費周章，有些題目或場合只需幾星期或幾天的時間就可以準備好。

現在，回答你的問題：「學了這麼多技術，接下來呢？」

我想接下來就是花時間準備、練習、上台，以及花時間磨練自己！回顧剛才描述的實例，我跟大家一樣，儘管具備了技術，但為了一次精彩的上台表現，仍然要花很多的時間做好每一個細節，才有機會呈現出完美的作品。

請記得！重點不在於你學會多少技術，而在於你願不願花時間「練習、練習，再練習」，不斷應用這些技術，磨練

自己的上台表現，把技術變成你的一部分。當你持續這麼做，有一天這些技術會轉化成「上台的藝術」。這才是我希望你能帶走的最大收穫！

我衷心期盼，很快能在某個場合看到你站在台上，有著更好的表現！

一起努力，加油！

企業推薦

福哥的上台與簡報技巧課程，是我近年來上過最有用的課！唯一的壞處是，現在太太的簡報也都變成我在做了。

——趨勢科技資深經理　王守謙

福哥在我正式開始企業授課之前，給了我許多寶貴建議，啟發我更多的想法，能有這樣亦師亦友的朋友，是我講師生涯中的福氣。這本《上台的技術》總結了福哥過往授課經驗的精華，在追求完全課程的福哥親筆操刀下，這本書絕對是你我不容錯過的好書，能十足提升在台上的巧實力！

——企業講師&《說中點，講重點》作者　王東明

我一開始學習上台簡報是透過網路，而永福老師的部落格文章我幾乎都拜讀過，因此永福老師對我的上台簡報學習有很大的啟蒙。老師的文章理論與實務兼具，有層次且易懂實用。每每閱讀，都能感受到老師對上台簡報教學 100% 的熱情與用心！

——簡報小學堂&《Keynote 關鍵報告》作者　林稚蓉

企業推薦

　　福哥有多厲害？福哥是我見過得到學員迴響最多的講師，課程永遠充滿了活力和創意，也是我見過唯一能夠讓學員在課程還未結束就展現出「訓練前」、「訓練後」差異的講師，且是唯一一位講師能夠讓學員在課後來向我道謝，並且大力推薦公司再多開幾堂課的講師。能夠認識福哥是身為企業訓練主辦人的福氣。有幸拜讀《上台的技術》，吸取上台簡報神人的心法，更是身為職場工作者的福氣！

——帝亞吉歐有限公司台灣分公司

資深人力資源部經理　李筱瑋

　　對我來説，福哥提供的企業內訓不只是專業二字能形容。從協助 WIS 內訓的過程裡，同仁們都感受到福哥的熱情以及他追求卓越的態度，是難得的職場導師。在新書《上台的技巧》裡，福哥將上台技巧心得無私分享給讀者，讓更多人受惠。

——匯智資訊執行長　胡致行

丟掉坊間那些範本絕招，這一本才是你必備的上台簡報書。

——彰濱秀傳紀念醫院神經內科主治醫師　施懿恩

　　我覺得我上輩子應該是有燒好香，才能在這輩子上到福哥的課。會誇張嗎？我覺得當你親自上過福哥的簡報課，你就能體會我的感受。專業技巧之外，重要的是你會看到超級的認真態度，這才是真正的價值，能想像嗎？看書之外，來上福哥的課，你就會懂了！

——普印通科技股份有限公司經理　殷燕伶

企業推薦

在培訓當天，一次次的震撼，讓學員很快脫掉身上的隱形刺蝟裝，百分百地投入。課程內容緊湊，學員唯有認真學習的份。課後獲得許多正面評價，讓我們今年度再次邀請福哥來上不同的課程，當然還是一樣好評滿檔。總而言之，我極力推薦，只要選擇福哥，你絕對不會後悔。

—— GUCCI 台灣分公司人力資源部副理　梁家瑜

「追求完美」來自於對生活的態度，然而福哥更多來自於對台上技術的執著以及對觀眾的尊重。對於「完美」，福哥不僅做到，更讓渴望精進簡報技巧的後進，有軌跡可遵循。上台的技術要大躍進，相信這本書絕對會是您唯一的選擇。

——聯華食品通路經理 & 內部講師　葉偉懿

福哥的課程，可以說是我人生最重要的轉捩點之一。聽完他的課，讓我的教學技巧有了突飛猛進的改變，彷彿吃了大補丸一般。不僅是簡報技巧，我也在他身上看到一位專業講師認真面對工作的態度，他可以說是我人生最重要的導師和益友。

——讚點子數位行銷執行長　權自強

致謝辭

　　感謝何飛鵬社長的賞識，讓我有出版這本書的機會。

　　一開始如果沒有謝文憲——憲哥，給我有力的支持，也不會有這本書的誕生。憲哥在過程中，不斷給我許多寫作上的想法。當我有一些決策拿不定主意時，都是他提供寶貴的參考意見。我真的十分感謝！

　　編輯鳳儀，在過去這段時間給我許多修訂的建議，並且把書的架構調整得更完善。我們合作愉快，默契十足，謝謝鳳儀！當然之琬、阿青與許多商周出版同仁們的協助，也讓本書能更豐富而完整。謝謝大家！

　　在過去幾年，Hank、小慧、貞雯、美娟、Tracy、小安、Steven，以及許多管顧伙伴。您們給了我許多上台的機會，讓我能有更多案例可以寫在書上，在過程中也給我許多支援及協助，我也想向大家說聲感謝！

　　謝謝講師好友們，Adam、MJ、Jacky、震宇、可欣、河泉，透過跟大家交流的機會，我觀摩到很多絕佳的上台技巧，各位的表現真是最好的榜樣。超棒的！

謝謝我在 EMBA 指導教授賴志松老師、劉興郁老師，還有博班的方國定老師，您們用身教，讓我學習如何當一個好老師，這些經驗我永遠難忘，而且受益匪淺。謝謝老師！

有許多為本書撰寫推薦序的好朋友們，我一直在考慮是不是應該把各位的推薦結集成冊，因為各位寫的太好了！！謝謝您們一直以來的支持及愛護。本書因為有各位好朋友，而增添了許多光采。

還有許多沒有露面，默默支持的學員及朋友，因為有大家肯定，我才能繼續站在台上，跟大家分享更多上台的方法及技術。謝謝大家！

我的母親、大姊及大姊夫、二姊及二姊夫、小弟及家人們，還有坤哥、董姐及小賴，以及屏東阿母及嚴家姐妹們，謝謝您們讓我感受到家人間的溫暖，這對我是重要的支持。希望大家身體健康，平安快樂！

老婆一路上陪我度過許多風雨，經歷我不同階段的成長與轉變，除了激發我更多的潛力，還得忍受我機車的個性。在中年之後，為我生了兩個寶貝女兒，並且永遠給我一個井然有序的家。雖然有時不免意見相左，但我心中充滿愛與感謝。不論我有怎樣的成長或轉變，我仍然會是家裡最安心的依靠，也是妳與女兒們永遠不變的支柱！我愛妳們！

僅以這本書，獻給親愛的 JJ，以及兩個寶貝女兒。

國家圖書館出版品預行編目資料

上台的技術 / 王永福著. -- 初版. -- 臺北市：商周, 城邦文化出版
：家庭傳媒城邦分公司發行, 2014.12
　　　面；　　　公分

ISBN　978-986-272-670-9（平裝）

1.簡報　2.商務傳播

494.6　　　　　　　　　　　　　　　　103018996

上台的技術

作　　　者／王永福
責 任 編 輯／程鳳儀

版　　　權／翁靜如、林心紅
行 銷 業 務／莊晏青、何學文
總 經　理／彭之琬
事業群總經理／黃淑貞
發　行　人／何飛鵬
法 律 顧 問／元禾法律事務所　王子文律師
出　　　版／商周出版
　　　　　　城邦文化事業股份有限公司
　　　　　　115台北市南港區昆陽街16號4樓
　　　　　　電話：(02) 2500-7008　傳真：(02) 2500-7579
　　　　　　E-mail：bwp.service@cite.com.tw
發　　　行／英屬蓋曼群島商家庭傳媒股份有限公司城邦分公司
聯 絡 地 址／115台北市南港區昆陽街16號8樓
　　　　　　書虫客服服務專線：(02) 25007718 · (02) 25007719
　　　　　　24小時傳真服務：(02) 25001990 · (02) 25001991
　　　　　　服務時間：週一至週五09:30-12:00 · 13:30-17:00
　　　　　　郵撥帳號：19863813　戶名：書虫股份有限公司
　　　　　　讀者服務信箱E-mail：service@readingclub.com.tw
　　　　　　城邦讀書花園www.cite.com.tw
香港發行所／城邦（香港）出版集團有限公司
　　　　　　香港九龍土瓜灣土瓜灣道86號順聯工業大廈6樓A室
　　　　　　電話：(825)2508-6231　傳真：(852)2578-9337
　　　　　　E-mail：hkcite@biznetvigator.com
馬新發行所／城邦（馬新）出版集團【Cité (M) Sdn.Bhd. (458372 U)】
　　　　　　41, Jalan Radin Anum, Bandar Baru Sri Petaling,
　　　　　　57000 Kuala Lumpur, Malaysia.
　　　　　　電話：(603)9056-3833　傳真：(603)9057-6622　email: ervices@cite.my

封 面 設 計／徐璽工作室
電 腦 排 版／唯翔工作室
印　　　刷／韋懋實業有限公司
經 銷　商／聯合發行股份有限公司
　　　　　　地址：新北市231新店區寶橋路235巷6弄6號2樓
　　　　　　電話：(02)2917-8022　傳真：(02)2911-0053

■ 2014年12月18日初版　　　　　　　　　　　　Printed in Taiwan
■ 2024年4月23日初版22.7刷

定價／350元

城邦讀書花園
www.cite.com.tw